男人要有胸怀，女人要有情怀

高连兴 著

成都时代出版社
CHENGDU TIMES PRESS

图书在版编目(CIP)数据

男人要有胸怀，女人要有情怀 / 高连兴著. -- 成都：成都时代出版社，2014.5

ISBN 978-7-5464-1085-2

Ⅰ. ①男… Ⅱ. ①高… Ⅲ. ①人生哲学-通俗读物 Ⅳ. ①B821-49

中国版本图书馆 CIP 数据核字(2014)第 016823 号

男人要有胸怀，女人要有情怀

NANREN YAOYOU XIONGHUAI NÜREN YAOYOU QINGHUAI

高连兴 著

出品人　段后雷
责任编辑　李　林
责任校对　李　航
装帧设计　李艳春
责任印制　干燕飞

出版发行　成都时代出版社
电　　话　(028) 86621237（编辑部）
　　　　　(028) 86615250（发行部）
网　　址　www.chengdusd.com
印　　刷　北京晨旭印刷厂
纸张尺寸　880mm×1230mm　1/32
印　　张　10.5
字　　数　260 千
版　　次　2014 年 5 月第 1 版
印　　次　2014 年 5 月第 1 次印刷
书　　号　ISBN 978-7-5464-1085-2
定　　价　32.00 元

本书若出现印装质量问题，请与工厂联系。电话：(010-80367007)

前　言

这个世界从来不缺凡夫俗子，红尘中我们早已在是是非非中学会了争辩和计较，在柴米油盐中学会了小气和狭隘。对于大多数男人来说，心胸修炼最迫在眉睫。如果说上天赐给了男人一样最重要的东西，那么这种东西就是博大的胸怀和宽阔的胸襟。对于男人这种天生好强和自尊的动物，人生也许可以不繁华，但是不能没有尊严和面子。而博大的胸怀和宽阔的胸襟是男人获得成功和他人赞赏的最重要的一点。

也许很多男人认为具有胸怀的人容易吃亏，容易丧失自己的利益。在这样一个争强好胜的时代，不去计较如何获得自己想要的，不去争辩如何取得成功？其实并不是这样的。胸怀本来就是一种美，是一种大气、气量深的美。当我们饱受委屈的时候，我们可以明白世道人心，增强自己的意志；当我们经受苦难的时候，我们可以选择遗忘进而再次努力奋发，把它当成一种磨练；当我们吃亏的时候，我们可以学会“糊涂”点，因为有得必有失，事后发现原来吃亏也是一种福气；当我们懂得利他时，才知道原来先利他方能利己，气量大了人脉才会广，因为没有人愿意与小气的男人做朋友；当我们在婚姻生活中，懂得包容和大度，才知道妻子所要的安全感无非是你博大的胸怀，不与她斤斤计较，知道疼她呵护她，爱情婚姻也可以如此美好……这所有的一切不添加任何的虚拟色彩，也没有任何的伪装成分，只是让自己的心胸扩展，做回大气、本质的自己，然后灿烂一笑……

与男人不同的是，女人则有着更深深的敏感和细腻，一个女人若想活出精彩，则情怀最为重要。当与自己的男人争辩时，你可以用自己最温柔的本性去抚慰他，也可以用自己最纯真可爱的样子去向他撒娇，更可以施展你迷人的样子适当“勾引”一下他，所有这些都比你如泼妇骂街一样臭骂他或者责备他效果好。男人是钢，最承受不了女人的温柔似水，会施展情怀的女人总能让自己的男人老老实实臣服在石榴裙下；当你感到身心疲惫想要放松的时候，不妨背起简单的行囊，只身一人去自己一直想去的地方。在那里，没有人认识你，你可以自在逍遥、天马行空。只要你愿意，可以在菜地上打滚儿，寻觅着儿时的天真与顽皮，卸下背负太久的伪装，做一回真正的自己。内心情怀泛滥的女人总是活得最潇洒和洒脱，没有什么能束缚住她们的心灵，她们只是最纯真和快乐的自己；当所有的女人都开始担心自己变成黄脸婆的时候，懂情怀的女人总是一脸淡然的样子，她们去改变自己能改变的，努力去保养身体，为自己买自己喜欢的漂亮的衣服，给自己化最美的妆，始终让时间定格自己的优雅。那些终究未能改变了的痕迹，皱纹或者松散的皮肤，她们也不怕，她们知道自己即便容颜可以变老但是聪慧的自己永远不会消失。她们手中总会拿着一本书去阅读，每天翻阅各种期刊杂志增长自己的见识，她们能与男人谈古论今，能在商场上叱咤风云，这样的女人早已不再是“美丽”两个字可以形容的了；当在婚姻生活中，那些小情小调的情怀总会围绕在她们脑海中，浸润在骨子里，她们知道浪漫，也知道如何让自己的男人浪漫，她们爱家却又不完全迷失自己，懂得付出也知道享受，婚姻生活不再是爱情的坟墓，而是成为了自己的一种美好爱情的延续……这所有的一切不添加任何的夸张色彩，也没有任何的矫情成分，只是让自己的情怀慢慢流溢，做回浪漫、温柔、可爱、淡定的自己，然后甜甜一笑……

俯瞰大千世界，具有博大胸怀的男人与具有情怀的女人虽不同，却又相同。他们都是快乐地微笑，独自行走在红尘中，享受着良辰美景，享受着内心的美好与宁静。

目　录

男人胸怀篇

一、男人受得住委屈，才能守得住成功

二、无度不丈夫，在苦难中成长为真男人

三、真正的王者——进退自如的男人

四、胸怀大的男人懂得“糊涂”过

五、有胸怀，你就会有人脉

六、男人有胸襟，工作自动自发

七、随遇而安，淡定中显自信

八、男人多一分宽容，女人多十分安全感

九、把责任放在心上，才能担起一个家

十、君子之交，浓淡总相宜

女人情怀篇

一、女人如花，温柔似水

二、可心的女人释放最动人的风情

三、女人的聪明比美丽更可爱

四、淡定是最深的女人味

五、情愿付出，是永恒的慈悲

六、让时间定格美丽，让美丽定格优雅

七、会享受，粗糙的世界里也能发现天真

八、与其相忘于江湖，不如用心珍惜好好爱

九、愿得一人心，白首不相离

十、爱家的好女人

男人胸怀篇

男人只有遭受过重大委屈才会有出息，经历过重大苦难才能成长，被狠狠打击过后，才能如凤凰涅槃一样而获得重生。但是再大的委屈，都要咬牙挺过；再多的苦难，都要有胸怀去承受。当男人经历过这些之后会发现，人生中所有的不幸和不快，都是人所必须经受的挫折训练，唯有拥有博大的胸怀，才能让我们豁达，让我们进退自如，让我们更加在工作中自动自发，在爱情中倍加珍惜。只有拥有博大的胸怀，才会让委屈、挫折、苦难不再停留在原先的层面而有更进一步的升华，成为自己的人生阅历和珍贵的财富，从而让自己更睿智、更豁达、更理智、更坚定。

一、男人受得住委屈，才能守得住成功

每段人生都是充满委屈的人生

每段人生都是充满委屈的一生，无论你愿意不愿意，上苍都会给我们的生命划上一道缺口，你不想要它，它却如影随形。人生没有完美而言。没有一个人的人生是毫无委屈就走过来的，每个人的一生都充满了各种各样的委屈。造物主给了你漂亮的脸蛋，却拿走了你的智慧；给了你智慧，却拿走了金钱；给了你金钱，却拿走了情感；给了你情感，却拿走了健康……此类事例虽不是绝对，但生活中却是常见到的。我们会抱怨上天对我们不公平，我们会委屈，认为上苍故意给我们痛苦。

其实人生在世，注定要受许多委屈。而一个成功的男人所受的委屈更多，越是成功，他所遭受的委屈也越多。我国古代思想家孟子曾说：“故天将降大任于斯人也，必先苦其心志，劳其筋骨，饿其体肤，空乏其身，行拂乱其所为，所以动心忍性，曾益其所不能。”委屈对人生来说，其实就是一种磨练和考验。而你要学会经受住这种磨练和考验，否则你将无法获得生命的光环。一个男人，要使自己的生命变得丰盈，就不能太在乎委屈，不能让它们揪紧自己的心灵、扰乱自己的生活。否则，你就会在委屈中只会抱怨而无上进而言。面对委屈，要学会一笑置之，学会超然待之。每个人的人生都是充满委屈的一生，成功的男人懂得隐忍，懂得将委屈转化势能，让自己在宽大的胸怀中壮大。失败的男人，只会任委屈在心灵里激荡，直至把自己打败，最终变得堕落，消极。

作家伊北在《流苏与娜拉》里说：“人生在世，委屈、烦难、辛酸，都是难免，重要的是，你得翻过去，因为，推开暗壁，对面总还有蓝天。”作家苏岑也说：“人生苦短，少为离去伤感。能走过伤痛的，才值得拥有优于曾经的幸福。只要，能让‘过去’都过去。”

世间，总有一些委屈是你无法预料的，它们不知道什么时候就出现在你的生活和工作中，必需学会自己去承受。当你觉得委屈的时候，请再坚持；当你觉得委屈的时候，请记得再次微笑；当你觉得委屈的时候，请再看看身边还在承受更大委屈的同伴。世界上最宽阔的是海洋；比海洋还宽阔的是天空；比天空还宽阔的是人的胸怀。每个人生都是充满委屈的一生，只要学会放开胸怀，体会生命中的酸甜苦辣，你就会更能珍惜自己所拥有的一切。你会发现你所拥有的绝对比实际应得到的要多得多。尝试去接受那些委屈，虽不可爱，却也是你生命的一部分，忍耐且善待它，你的人生会快乐豁达许多。

饱受委屈才能明白世道人心

有一个青年，出生于贫寒农家，种过地，打过工，收过破烂，摆过地摊，曾经感情受挫，经济贫困。他独自闯荡，没有害怕，没有抱怨，没有恐惧，也曾遭受别人鄙夷的眼光，但他始终不卑不亢。他热爱文学，有自己的梦想。曾经有知情者疑惑，这样清澈的文字居然出自于一个痛苦挣扎在生活边缘的人笔下，对此，他解释道："小时候，村子里的人家家都储粪。那时候我不理解，就想着，这么臭、这么脏的东西居然还有人留着？后来，经历了这么多事，我才知道粪和庄稼的关系。粪便是脏臭的，如果你一直把它储在粪池里，它就会一直脏臭下去，但是一旦它遇到土地，它就换了另一种状态，它和深厚的土地亲密结合，变为有益的肥料，促进庄稼生长。我也如此，经历这么多委屈，我发现自己并没有学坏，也没有堕落，甚至连麻木也没有，反而让我更明白世道人心，更清醒地活着。"

委屈是人生的营养。应该感谢委屈，因为它们帮助我们成长，让我们在经受委屈的时候看透人心冷暖，明白世道的正义与苍凉。

著名作品《荒漠甘泉》中讲过："我想现在的苦楚，若比起将来要显于我们的荣耀，就不足介意了。"生活拮据、情路不畅，日子难过，大部分人的生活都充满着委屈。但是，在你被折磨的委屈的时候，不妨仔细想想，在饱受这些委屈的同时，你是否学到了坚强？是否学会了勇敢？是否减少了对世界恐惧和惊慌的眼神？是否对人生有了更深层次的了解？

马云有这样一句话："男人的胸怀是委屈撑大的，受的委屈越多，胸怀越大。"这句话中，不仅有无奈、委屈和自我解嘲，更饱含宽容和一股志气。

一个能够承受苦难和委屈的人必然拥有对世界透彻的醒悟心。我们在生活中常常能够见到某些男人因为一些鸡毛蒜皮的小事就与朋友斤斤计较，与同事口角相争，与恋人吵架分手……他们受不得一点委屈，总是受了委屈就会耿耿于怀，念念不忘。这样的男人是很难成大事的，因为他们对朋友关系、同事关系、恋人关系不能进行深入的反思和加强，只看到委屈的消极意义，而没有看到委屈的积极意义，他们的胸怀里装的都是那些琐碎的事情，这样的男人很习惯于"因小失大"。

其实饱受委屈并不可怕，相反它更能帮助我们深刻体悟人生的意义。没有人能逃过人生中的委屈，也没人能不受委屈的洗礼，想避开委屈的人不过是像那个被帮助逃离茧子的虫儿，最终害的还是自己。

在委屈中反思并且超越自己

委屈与舒心一样，都是生命的常态。注视或观察委屈，未必就一定是恐怖或痛苦的事。德斯佩尔德在他的著作中曾说过，“注视着死，教会我们更好地活”。其实生活中的委屈也一样，男人的命运中多些委屈的事儿，只会教男人更早、更快地成熟起来。因为在你身心放松地躺在舒适而整洁的床上欣赏着悦耳动听的音乐的时候，你不会对自我作一些反省和感知；在你工作快乐、自信和充满幸福感的时候，你作未必能与工作来一番深入的对话；而只有当你饱受委屈的时候，你才肯低下高昂的头颅，与自己来一次深入的交流。

其实，人们在不经意间都会有潜意识自省的行为，而善用这些时刻，有意识地引导自己去思索委屈带给我们的奥秘，或许会改变你对委屈认识的偏颇，树立新的人生观、世界观。当你的思索成果逐渐系统起来后，过去的那些信念也就会自行崩溃，蜕变由此产生。你超越了自己，你对生活、婚姻、工作有了全新的认识，你再是那个满腹抱怨的小男人，你成就自我，变成了铮铮铁骨的汉子。因为你的内心充实了，你清晰地知道你要做什么，你能做什么，你的内心不再惧怕，你就要重新启程了。

美国教育哲学家乔治·桑塔亚纳说：“人生既不是一幅美

景，也不是一席盛宴，而是一场苦难。”不幸的是，当你来到这世界那一天，没有人会送你一本“生活指南”，教你如何应付命运多舛的人生。能拯救自己的只有自己，你要学会在世界送给你的委屈中学会反思，领悟，你要学会超越你自己。有个学者说过：“人生的棋局，只有到了死亡才会结束，只要生命还存在，就有挽回棋局的可能。”每个人生都有挽回的可能，只要我们的生命气息还存在，只要你懂得时刻在委屈中反思。永远不要因为一点小小的委屈就丧失了对一切的信心，因为你不知道你自己的力量，你有能力超越自己。

我们在青春时期，都曾经期待长大，期待长大成人后，人生会像一场热闹的派对，有人相随，有美酒相伴，欢欢乐乐，但在现实世界经历了几年风雨后，你顿时醒悟，人生的道路布满荆棘，世界处处时时在送给你委屈。学会注视这些委屈，注视这些委屈能让人更多地从生命的更迭中反省，能让人更快的从自卑中抽离。当你真正不再抱怨而是反思委屈时，你的心中定是充满了喜悦。你会发现过去的思维方式竟然是那么地一无是处；而当你能够真正地摒弃它们，放下它们时，你又会因你的视野越来越宽广而感到兴奋。你已不再受委屈的左右，你能用你的全新认知产生强大的新而深层的力量、信心，从而启示自己。改变自己，而一切也终将会随着你的改变而改变。

人大委屈大，胸怀决定身价

曾任南非总统的曼德拉曾说："当我迈过通往自由的监狱大门时，我已经清楚，自己若不能把悲痛与怨恨留在身后，那么我其实仍在狱中。"曼德拉的胸怀足以让每个人动容，他从来不与委屈较劲，他知道对付委屈最好的方法便是用宽广的胸怀去原谅。

曼德拉在当时领导了反对白人种族隔离的政策，因为此事，他被南非种族隔离政权逮捕入狱，当时政府以"煽动"罪和"非法越境"罪判处曼德拉 27 年监禁，自此，曼德拉开始了他漫长的"监狱生涯"。当时曼德拉年事已高，但白人统治者依然像对待年轻犯人一样对他进行残酷的虐待。在漫长的监狱生涯中，他遭受了巨大的身心折磨和他人给他的委屈。

谁也没有想到，在 1991 年出狱当选总统的曼德拉在就职典礼上做出了一个震惊整个世界的举动，他竟然将当初在监狱看守过他，给过他很大委屈的 3 名狱警介绍给大家。他的博大胸襟和宽容精神，令那些残酷虐待了他 27 年的白人汗颜，也让所有到场的人肃然起敬。

后来，曼德拉向朋友们解释说，自己年轻时脾性很急躁，正是狱中生活使他学会了控制情绪。在牢狱那段岁月，他学会了乐观、坚强、勇敢，这是这些才使得他在以后的人生路上变得更加从容和自信。他不在意曾经自己受过的委屈，不计较他人曾经给自己的屈辱，他让全世界人看到他的宽广胸怀，他如此成功。

法国作家雨果有这样一句名言："世界上最广阔的是海洋，比海洋更广阔的是天空，比天空更广阔的是人的胸怀。"世界上最宽广的是胸怀，可以无所不容；世界上最狭隘的也是胸怀，可以睚眦必报。胸怀宽广的人，乐观、向上，视野广、眼界宽；心胸狭窄的人，悲观、偏激、自负、自私、鼠目寸光、猜疑心重。其决定因素是一个人的抱负和修养。心装天下的人，绝不会为了区区小事斤斤计较，为自己伟大的抱负设置拦路虎；有良好修养的人，绝不会不称心就怒发冲冠、面红耳赤。他们知道，人大委屈才会大，唯有胸怀大才能赢得别人的尊重，赢得高的声誉。因一时的困难和挫折而一蹶不振，因芝麻小事就大打出手，都不是大人物所应有的态度。胸怀决定身价，做胸怀宽广的男人吧！

有容德乃大，有忍事乃济

容和忍是成功男人的两重境界，它们是磨砺生命的第一要务。一个男人有容德行则大，才能吸引更多人与之结交，有忍才能不事事计较，所有的事情顺利进展。国学大师南怀瑾先生曾经解释过“忍”：这个忍在佛法修持里是一个大境界。大乘的佛法，则必须“得成于忍”。菩萨要生法忍，才可以进入大乘的境界。男人也如此，要想功成名就就要会忍、会容。子曰：“巧言乱德。小不忍则乱大谋。”孔子懂忍耐，他的儒家思想至今影响着一代代人，成为众人奉行之本；刘邦在取得基本胜利后按兵不动、将功劳经常赠与项羽，能容人终厚积薄发成汉高祖一代帝业……

现实生活中，人与人之间本来就存在着不同的利益和矛盾，相互之间难免会产生一些误会和分歧。尤其是男人在外创事业，做生意，如果不懂得容和忍的境界，就容易将事情处理不当酿成纠纷、冲突和伤害，这会给我们的生活和工作带来很大的负面影响。

当我们有了容和忍的德行，就有了温和的智慧。即使是一件很容易引起纠纷的事情，也会被我们容忍的微笑与沉默化解于无形之中。无论多么尖锐的矛盾，都会处理得当，息事宁人，化干戈为玉帛。忍让就是大利，容人就是福。

但是能容会忍不是那么容易做到的，明代禅宗憨山大师就讲：“荆棘丛中下脚易，月明廉下转身难。”要行人所不能行，忍人所不能忍，进入这个苦海茫茫中来救世救人，那可是最难做到的。但是能屈能伸，大丈夫之道也。忍得一时方能成就伟业，容得一人方能交到更多朋友。相反，不能忍耐、容人，毛毛躁躁，四处排挤他人，最终只能错失良机、遗恨千古。莫大的祸患，都来源于不能忍耐一时。

当然，忍不是懦弱，容不是自认无能，忍是不屑堕入无间地狱的智慧，容是以退为进的聪明手段，忍和容是上善。老子曰，上善若水。水是最温柔的，水却又是最强大的。忍和容就是这种水一般的智慧，冥冥之中将对手打败在无形之中。

不怕委屈的人总是优秀的

丹普斯是一个不幸的人，一出生就只有一只手和一只脚是健康的。作为一个男孩，丹普斯像其他的男孩一样热爱运动，他也希望自己能够参加运动比赛。父母看到他如此热爱运动，于是为他准备了一只木制假肢，并在这只假肢下面装了一只短而粗的特殊足球鞋。

丹普斯并没有因为天生的残疾气馁、失望，他依然每天用他的木腿踢球，不断尝试着把球踢得越来越远，他的球技在练习中日益精进。后来，他的不幸终于有了转机，他幸运地成为了新奥尔良圣人队的前锋。在冠亚军决战的终场 3 秒钟，双方还以 17：17 打成平手，谁也没有想到，就在最后的 3 秒钟，丹普斯用自己残障的腿踢了一个 60 米左右的破纪录球。

6 万多个球迷顿时尖叫起来，声音响彻整个球场，这是职业橄榄球赛中创下的最远的球距。它使得圣人队以 19：17 的分数击败了顽强的对手底特律狮子队。连底特律狮子队的教练约瑟夫·史密夫也无不动容地说：“我们的球队是被奇迹打败的。”对于人们来说，这确实是一个奇迹——一个不可能发生的奇迹。狮子队的球员们则说：“这不是丹普斯踢的球，是上帝踢的。”

生活中每个人都有不尽如人意的地方，如果换一种角度和思维方式去看，不幸更是一种幸运。因为你会发现，上帝在关闭一扇门的时候，真的会给你打开另一扇窗。人生不能怕上苍给我们的委屈，委屈大了，你才更优秀。因为委屈的作用，你才会学会如何面对挫折和苦难，努力挑战自己的潜力上限，不怕委屈，你才是最优秀的那个人。

米契尔说：“我瘫痪之前可以做 1 万种事，现在我只能做 9000 种，我可以把注意力放在我无法再做的 1000 种事上，或是把目光放在我还能做到的 9000 种事上，告诉大家我的人生曾遭受过两次重大的挫折，如果我能选择不把挫折拿来当成放弃努力的借口，那么，或许你们可以从一个新的角度，来看待一些一直让你们裹足不前的经历。你可以退一步，想开一点，然后你就有机会说：‘或许那也没什么大不了的！’”

很多时候都如此，我们不怕委屈，重要的是你如何看待委屈。不怕委屈，勇于挑战自己，你才是最优秀的。

因为委屈，我才如此成功

有一个男孩，课堂上，他的语文老师布置了一篇命题作文，题目是《早起的鸟儿有虫吃》，13 岁的他每天都会有很多奇怪的想法，他用另一种思维“改”了标题，写了一篇叫《早起的虫子被鸟吃》的文章。于是，他和老师围绕这个命题展开了激烈的争论。老师让他当着班上同学的面说 100 遍自己是最没出息的人。男孩委屈极了。

1977 年，恢复高考，但是好运气并没有垂青于他，他名落孙山，最后只好去外打工，当了一名工人。后来，他恋爱了，女友的父母坚持认为自己的女儿必须嫁给一个知识分子而不是一个没上过大学的人，最后女友离开了他。他又一次委屈极了，他不知道是自己错了还是上天故意在折磨他，一周内消瘦了很多!

在所有事情的打击下，他也曾委屈难过，但是他终于想出了对策，他想证明给别人看。他开始凭借着自己不错的作文水平创作，写童话。皮皮鲁、鲁西西、大灰狼罗克、舒克和贝塔……未曾想，他写的童话孩子们很喜欢，受到了广泛的好评，他也成就了自己的童话王国，成为了中国童话大王。他，就是郑渊洁。

星云大师曾说：“一个真正懂得欣赏的人，不会要求大地平直无碍。”一个聪明的人不会要求自己的人生顺风顺水，因为只有经历过委屈，人生才能丰盈。唯有从委屈中重新站立起来，人生站立的姿态才更稳、更坚实。

爱迪生有句名言：“失败也是我需要的，它和成功一样对我有价值。”爱迪生在发明蓄电池时，就曾失败了几万次。但他没有觉得委屈，更没有轻言放弃，而是从每次失败中总结经验教训，得出哪几种物质不能做蓄电池的结论。就这样一次次失败、一次次总结、一次次排除，使他向成功的目标一步步迈进。一位朋友来看他，为他的多次失败而惋惜。他却认为这是一种成功，因为他已总结出“好几千种物质是不能去做蓄电池的”。

只要会欣赏，你所承受的委屈便是一根鞭子。它会鞭笞、激励着你，书写新的辉煌！

在折磨中享受幸福的滋味

每个人都渴望自己的人生路是平坦的，一生健康平安，有好的工作，好的婚姻，儿女围绕身边，这真是人间乐事。然而若你真过上了这样一种无忧的生活，是不是会觉得枯燥无味？一个人的人生没有一次很好的历练机会，没有经受过任何折磨，生命其实也会了无生趣。相反，若我们真的不得已被老天选中，送给了我们很多挫折和坎坷，那么也请不要愤慨，不要忧郁，你的命运也许会充满折磨，但人生的真谛也就此被你领悟，你会品尝到更加多的幸福滋味。因为痛苦愈深，幸福就愈加强烈。

高位截瘫的张海迪在轮椅上完成了一部外国名著《海边诊所》的翻译；陈景润在极其困难的环境中，完成了哥德巴赫想的论证；海伦·凯勒是一个又盲又聋又哑的人，而她却写出了鼓舞了千万人的《假如给我三天光明》。他们的人生是痛苦的，备受折磨的，可是他们并没有失去对幸福的追求，他们努力着，奋斗着，谱写了拼搏人生 、战胜宿命的凯歌。他们知道，折磨只是暂时的，走过了人生便会更加丰盈。战胜了痛苦的折磨，幸福就会来得更深、更猛烈。

有个渔夫有着一流的捕鱼技术，被人们尊称为“渔王”，他是当地最受崇拜的人，但是他三个儿子的捕鱼技术却极其平庸。

于是他经常向身边的渔民倾诉他的痛苦。

一位路人听了他的倾诉后，问：“你一直按部就班地教他们吗?”

“是的，为了让他们真正得到我的真传，我每一个动作都教得很仔细、很耐心。”

“他们一直跟随着你吗?”

“是的，为了让他们少走弯路，我一直让他们跟着我学。”

没有经过风雨折磨的禾苗永远不能结出饱满的果实，没有经过折磨的雄鹰永远不能高飞，没有经历过风霜雨雪的花朵，无论如何也结不出丰硕的果实。一个人只有经历过人生的无数弯路，才知道如何走好人生的路。所谓失败、挫折并不可怕，正是它们才教会我们如何寻找到经验与教训，正是他们告诉我们痛苦过了幸福就来临了。很多事情当我们回过头来再去看的时候，就会发现，历经折磨以后，生命的花朵反而更娇艳动人。如果一路都是坦途，那只能像渔夫的儿子那样，沦为平庸，永远体味不到从弱小变为强大的滋味。

低调行事，在委屈中学会领悟低调

每个男人都渴望成功，渴望获得荣誉。为了目标，有些男人会拼命地表现自己，平日里锋芒毕露，工作中处处争先，交往中高谈阔论，总想告诉自己我才是最优秀的那个人。但是结果发现：自己离成功的距离越来越远。他们百思不得其解，自己不缺才气，不缺激情，也不缺信念，为什么总是失败？其实，答案就是：他们不懂得低调。

俗话说："低头的稻穗，昂头的稗子。"越成熟，越饱满的稻穗，头都会垂得越低。只有那些果实空空如也的稗子，才会显得招摇，始终把头抬得老高。男人们，应该在屡败屡战的实际生活与工作中，学会领悟低调，时时刻刻保持一个低姿态。这绝不是懦弱和畏缩，而是一种聪明的处世之道，是人生的大智慧、大境界。

有这样一副对联：

上联：做杂事、兼杂学、当杂家，杂七杂八尤有趣

下联：先爬行、后爬坡、再爬山，爬来爬去终登顶

横批：低调做人

此联非常形象地道出了低调做人的真谛。在成功的路上，总要学会低调做人，低调行事，否则就会处处碰壁，处处受人排挤。古往今来，所有成功人士的委屈经验都告诉我们，“枪打出头鸟”，高调的人总是成为被攻击的对象。唯有学会在委屈中领悟低调，才能冲破委屈。

有位哲人也曾说：“当坚硬的牙齿碰落时，而柔软的舌头却完好无损，不是柔软的舌头能胜过坚硬的牙齿，而是舌头处于低谷。”低调行事，才能够很好地保护自己，成就辉煌人生。如果你是十分出色的人才，大可不必去掩饰个人的一些小毛病，有意无意地卖点“傻”，学会隐藏自己的光芒，这样才使人觉得亲近，为自己营造和谐的相处环境，也能够使自己暗蓄力量，为自己赢取更大的机遇和成功，这也更是让自己生存下去的重要方法。

一个男人不论取得了多大的成就，或者是想取得多大的成就，面对现今这个复杂的社会，都应该低调做人。低调行事。古语有云：“地低成海，人低成王。”低调做人不仅是一种境界、一种风范，更是一种思想、一种哲学。

二、无度不丈夫，在苦难中成长为真男人

大事难事，男人要担当

世间很多事情都是难以预料，没有一个男人能顺顺利利地走完一生。生意惨淡，失恋，创业失败……打破了我们原本平静的心，忧愁随之而至。以后的路究竟应该怎么走？应当从哪里起步？这些灰暗的影子一直笼罩在头上，让胸怀天下大抱负的男人们裹足不前。

难道活着真的就这么难吗？日子真的就暗无天日吗？其实，并不是这样的。在这个世界上，为何有的人活得轻松，而有的人却活得沉重？因为前者能担当，任何事情都拿得起，放得下；而后者没胸怀，有点难事就担当不起。很多男人在受到伤害之后，一蹶不振，因为抱负越大，一旦遭受挫折就会打击越大。胸怀小的男人最容易在伤痛的

海洋里沉沦。

9 岁起，他开始独自闯天下，去大阪做一个小伙计。15 岁，由于父亲的离世，他不得不挑起生活的重担，小小的他过早地体验了人生人的艰辛。

22 岁那年，他成为为一家电灯公司的检查员。就在这时，松下幸之助发现自己得了家族病，很多家人在 30 岁前因为家族病离开了人世。他没了退路，反而对可能发生的事情看开了，以平常之心面对疾病，终于内心也越来越坚强，身体也康复了。

后来，他独立经营插座生意。创业之初，正逢第一次世界大战，产品销量不佳，工厂到了难以维持的地步，员工相继离去。

但他没有被这些事儿吓倒，而是男人一样担当了起来。他继续努力坚持，终于工夫不负有心人，生意逐渐有了转机，公司也慢慢走出了困境。

他，就是真男人松下幸之助，日本著名跨国公司“松下电器”的创始人。

一次又一次的打击并没有击垮松下幸之助，反而把他磨练得更加坚强。俗话说，火石不经摩擦就不会迸发出火花，同样，人若不遭遇苦难，生命之火就不会绚烂。苦难并不可怕，它可以培养人的意志，给人信心、毅力和勇气。不曾跌倒的人，怎么会知道跌倒的滋味呢，又怎会知道跌倒了该如何爬起来。对于一个男人来说，苦难确实是残酷的，但如果你能充分利用苦难这个机会来磨炼自己，学会担当，苦难会馈赠给你很多。可以说，学会担当，苦难就是一种财富，是未来人生的本钱。

男人一定要豁达

有人问李连杰："你这些年都是一帆风顺，你是怎么变得这么强大的呢？"李连杰听后觉得哭笑不得，因为他好像从来就不是一帆风顺走过来的，甚至有朋友称他为"死过一百次的生还者"。我们总是容易看到一个人背后的成功，却很少注意到他们成功背后的艰辛与苦难。大多成功的男人，都经历了不为人知的苦难与挫折，但是他们总会一笑而过。因为他们知道人生总是绿灯是不可能的，唯有红灯、黄灯、绿灯相间，走走停停，才能秩序前行。面对酸甜苦辣的经历，他们早已变得豁达，大方，因为心早已不再惧怕任何挫折。

我们知道，繁茂的大树，在与狂风暴雨搏斗后才拥有其挺拔的身姿；精良的斧头，在铁匠手中经过千锤百炼才能显示出其锋利的斧刃。顺境中的人往往"苗而不秀，秀而不宝"。那是因为温室里的幼苗经不起风吹雨打。所以，一帆风顺的境遇大多出不了将才，即便出了，他们的人生自然是无味的，因为缺少了苦难，就缺少了生活的一半滋味，也缺少了对人情冷暖的感悟。

马可·奥勒留在《沉思录》中说道："如果神灵对于我，

对于必须发生于我的事情，都已作做出了决定，那么他们的决定便是恰当的。”挫折、苦难若是人生中那些必须发生于我们的事情，那么不妨豁达些接受它。先接受才能战胜，连接受的勇气都没有，又何谈去战胜?

人总是这样，“心窗”没有打开的时候，我们会感到苦难让我们窒息；一旦窗户打开了，其实一切也就变得不那么畏惧与困惑了，那时我们发现自己能够承担起苦难，即便承担不起苦难，我们有坚强的心足够承担自己。情绪和心灵的空间一旦豁然开朗，看事情就更透彻，人生重新充满了活力。这也是为什么男人要学会豁达的重要原因。

对于每个人来说，生活的艺术更像角斗士的艺术而不是舞蹈者的艺术——它应当坚定地站立，豁达地准备着对付突如其来的各种进攻。

只有这样，我们才算是一个真正懂得人生的男人。

吃得苦中苦，方为真男人

一位智者曾说：“没有苦难的人生不是真正的人生。”一个人只有经过苦难的锤炼，才能焕发生命最美丽的颜色；只有熬过那艰难的日子，才会珍惜生命中的点点滴滴；只有辛苦地走过那千山万水，才明白这一路的点点滴滴……吃苦，是一个人完整人生的必经之路。吃得苦中苦，才知甜中甜；

吃得苦中苦，才能将自己锻炼成心智都顽强的真男人。

巴尔扎克，法国19世纪著名作家，法国现实主义文学成就最高者之一。他创作的《人间喜剧》共91部小说，写了两千四百多个人物，是人类文学史上罕见的文学丰碑，被称为法国社会的“百科全书”。他所有的文字结晶都是他每日冥思苦想，苦心创造出来的。为了完成作品，他平均每天工作达到十二小时以上，风雨无阻。每天，他要求仆人在深夜十二点的时候准时叫醒他。他会穿上白色的修道服，从床上爬起来，立刻奋笔疾书。一般他会连续写五六个钟头，即使是在身体状况很差的情况下，他也会努力写作，直到累到极点才恋恋不舍地离桌休息。

他曾自诩要超过拿破仑，“他的剑做不到的，我的笔能完成。”他的确做到了，一部部伟大的作品，一个个鲜活的人物形象，他为全人类提供了巨大的精神财富。

“苦难对于天才是一块垫脚石，对能干的人是一笔财富，对弱者是一个万丈深渊。”巴尔扎克曾这样说。不怕吃苦的人，总能以苦难为垫脚石，登上自己成功的高峰。就像巍峨的大树，在与狂风暴雨搏斗后其身姿才更挺拔，精良的斧头，在铁匠手中千锤百炼后其斧刃更锋利。在与苦难搏斗过的人生，意志才能更顽强，心智才能更成熟。而那些怕吃苦的人，只能掉进悲苦的深渊里，每日愁容满面，任自己被痛苦折磨，最终毁掉自己的人生。

人生的悲苦从来都是无法逃避的。人生若总是能与快乐相伴那固然很好，我们也不必去苦心修行自己的意志和力量。

但现实世界告诉我们，苦难会相随众生终生，因此我们要明白吃苦的正面意义，也懂得如何吃苦的智慧，更要享受苦中作乐的那份坦然，以及化苦为乐的那份潇洒、那份超然，唯有这样，才能成长为真正的男儿郎。

洒脱男人，会享福也要能吃苦

星云法师曾说：“一个人的成就，常常都是从血汗、辛苦、委屈、忍耐、受苦中，点滴累积而成。正如松柏必需受得了霜寒，才能长青；寒梅必须经得起冰雪，才能吐露芬芳。”男人的“伟大成就”，都是从无数辛苦和努力的日日夜夜换来的赞美词。一个洒脱的男人，会享福也能吃苦，他们能耐得住苦楚的煎熬，也享受得到苦头过后得来的甘甜。

蒋捷有首著名的词《虞美人·听雨》，其中写道：

少年听雨歌楼上，
红烛昏罗帐。
壮年听雨客舟中，
江阔云低，
断雁叫西风。
而今听雨僧庐下，
鬓已星星也。
悲欢离合总无情，

一任阶前点滴到天明。

悲欢离合总无情，苦与乐总是伴随我们人生的每一阶段，每一刹那。梁漱溟先生说：“四个时节都能够激发人：春使人活泼高兴；夏使人盛大；秋冬各有意思。”这种敏锐之思，其实就是对人生更深入的思考，洒脱的人，最易产生共鸣。说的就是人生也如这四季，喜怒哀乐都有其特定的意义，都有独特的美丽，谁也取代不了谁。幸福与痛苦都有自己的意义，酸甜苦辣都有它本身的价值。正因为我们经历过苦的滋味，所以才激励我们不断追求快乐的感觉。唯有大度地接受痛苦的来临，化苦为乐，能享得起快乐亦能受得起痛苦，才能完美人生。

生活中难免会遇到这样那样的不如意，就看我们以怎样的心态对待它。我们不能孩子般生气地说“痛苦，你快走”，更不能向上天撒娇说“快乐，你快来”，上天不会理会我们的人生过得是好是坏，是甜是苦。唯一能整理我们人生的人是自己，洒脱的男人从不抱怨世界，他们只会改变自己，潇洒地接受一切的到来。

吃苦就是吃补

疯狂英语创始人李阳曾说：“很多人都非常羡慕我，到处受人欢迎，给千百万人演讲。同时，这背后的艰辛是常人所无法想像的。一天四五个城市，飞机经常晚点，半夜三更才赶到目的地，经常被困在高速公路上，公司经常发不出工资，每年为养活整个公司而忧虑奔波。这就是我真实的生活。每当我觉得自己辛苦的时候，我就告诉自己：无论我多么辛苦，还有比我更辛苦的人！我每天都告诉自己：吃苦就是吃补，越苦就越补！”

人，大多数都喜欢尝甜头，不喜欢吃苦。苦似乎意味着难过、泪水、辛劳、付出等等，有了苦，心灵就要受到折磨。其实，人生本味，酸甜苦辣，掺杂在一起才是百味人生。就像厨房里的柴米油盐，少了哪一样，都做不出一顿美味可口的饭菜一样。星云法师就曾说：“酸甜苦辣既是人生本味，如果人生想要创造未来，耕耘前途，发展事业；只能吃甜，不肯吃苦，这就不容易有所作为了！”一个男人，堂堂正正的真男儿都是不怕吃苦的，他们有着坚强的意志，有着果敢的胆量，有着雄心勃勃的壮志，总能在苦头面前昂起高昂的头颅，精神抖擞地去迎接挑战。

人生没有一帆风顺，只要我们不再抱怨，敞开心胸学会承受生命中的苦头，就可以在心中时时涌起“长风破浪会有时，直挂云帆济沧海”的凌云壮志，万丈豪气，就可以用坚强的毅力、非凡的气度去承受生活中的狂风巨浪，承受人生旅途中的磨难挫折，承受生命中一切的馈赠。

布雷兹里特曾说过：“如果没有严冬，春天就不会那样舒心宜人。”的确，不尝苦头，怎能体会到甜头？且不说“阳光总在风雨后”，即便是生活中总有阳光，我们若没尝过苦头，遭受过折磨，又怎么会知苦尽甘来的甜蜜感觉。

吃苦就是吃补，不怕吃苦，敢于吃苦，永远是丰盈男人一生的宝贵财富。

痛苦也是人生的收入

学者周国平说：“心灵是一本奇特的账簿，只有收入，没有支出，人生的一切痛苦和欢乐，都化作宝贵的体验记入它的收入栏中。”他的意思想必是告诉世人，所有你经历的无论是痛苦还是欢乐，都是人生中宝贵的经验，是一笔丰富的财产，只要你的心灵尝试着去接受，欢乐更好，痛苦也罢。

有一位哲人问他的三个徒弟：“我们来到人世间是为了什么呢?”

第一个徒弟回答道：“我来这个世界是为了享受快乐。”

第二个徒弟回答道：“我来这个世界是为了承受痛苦。”

第三个徒弟回答道：“我来到这个世界，既要承担生活给我的磨难，又要享受生活赐予我的幸福。”

这位哲人给前两个徒弟打了50分，而给第三个徒弟打了100分。为什么呢?

因为前两个徒弟只答对了问题的一半，而第三个才答对了人生的价值。

人生本就如此，没有痛苦就没有欢乐，没有欢乐就没有痛苦，一切都是相对的。很多人能以苦为乐，也有很多人以乐为苦，这苦与乐的感受全在于一心，本无绝对界限。达摩面壁，凡人皆称其为苦修。有谁知道达摩祖师在静修中，心归空灵，慧及宇宙，体肤之苦尽皆化为心灵的极乐，并无半点苦楚可言。凡夫俗子虽然住在别墅，吃着绝顶美食，看似住得富丽堂皇，吃得津津有味，殊不知背后所付出的艰辛与泪水，这快乐的背后早已浇灌上了痛苦的滋味。

其实，生命本身并没有苦与乐之分，只是众生按照自己的世俗观点和功利心，把世间的事情分成了苦与乐：合乎于心便认为是乐，违背于愿就看作是苦。世界万物早已失去了它本应有的面目，失去了原本的样子。到头来，既没有接纳过苦，也没有彻底拥有过乐。若我们能抛弃一切杂念，让事物回归本真，痛苦与欢乐也就不存在了。那时候，苦与乐是一体的，苦即是乐，乐即是苦。我们更能坦然地接纳苦，大度地把苦看做是人生的必然历程时，先前的苦乐“标准”立刻土崩瓦解，根本不再有苦与乐的分别，生命本身就是一场盛宴。你我所能做的就是去享受这生命的盛宴，享受所有的苦与所有的乐，活在生命的苦乐中。

这时候我们才知道圆满的人生并不是一辈子没有吃过苦、失过恋、丢掉过工作，相反是经历过、体验过、面对过这些苦的滋味，品尝过那苦的味道，最终却能超越那苦的感觉，得到自己美好的人生。

把苦难当作磨练男人意志的力量

每个人的人生都是饱受苦难，男人所承担和饱受的痛苦更多。周国平曾说：“一个人只要真正领略了平常苦难中的绝望，他就会明白，一切美化苦难的言辞是多么浮夸，一切炫耀苦难的姿态是多么做作。”是的，苦难永远是尝试着的人心里最深的痛，但苦难也并不是无所价值。幸福是生命意义得到实现的鲜明感觉，一个人在苦难中最可以明白世道人心，最能感觉到生命意义的实现乃至最高的实现。

成长，就是在苦难中蜕变出来的。圣严法师曾在《空花水月》中提到：“从苦难中走出来的人，即使正在受苦，也不会觉得那么痛苦，因为对于他来说，已没有困难这回事。能不以苦难为苦难，这就是真正的灭苦。因此，消极地出世，并不能带来真正的快乐。只有积极的知苦、体会苦，从苦难中成长，才可以真正的离苦得乐。”可见，体会过真正的痛苦，我们才能体悟到真正的快乐，这才应该是世人面对幸与不幸所应有的态度。从痛苦中穿行而尘不染衣，继续前行总会看到晴朗的天空，明媚的阳光，快乐的人群。

然而太多男人总是拒绝感知痛苦的，他们怕痛苦破坏了他们的心情，伤了他们的心，费了他们的神，殊不知，正是因为在苦难中我们伤心、费神，才得以得到后来清晰明朗的你。没有苦难的磨练，生命的脉络总是混沌的，唯有苦难让生命的脉络清晰可见，让你更加明朗、自信。男人，理应不怕苦难，将苦难作为磨练自己的意志的武器，利用好，终究会受益无穷。

男人要大度，痛苦需遗忘

有人说，世上从来没有命定的不幸，只有死不放手的执著。我们固然需要执着才能收获幸福，但若执着过了头，就会变为一种伤害。尤其是对于痛苦，适当地用心灵去领悟痛苦，可以帮助我们增长灵性，坚固心灵的围墙。但若死不放手的执着，从没学会遗忘，痛苦便会成为心灵的一只蛀虫，时时刻刻咬噬着内心的平静，让人生不得安宁。大度的男人，总会将那些痛苦适时放下，让过去的能过去，人生过得潇洒自如。

著名思想家庄子在临终前，得知自己的弟子们准备厚葬自己，他笑着对弟子们说："我死了以后，大地就是我的棺椁，日月就是我的连璧，星辰就是我的珠宝玉器，天地万物都是我的陪葬品，我的葬具难道还不够丰厚？你们还能再增加点什么呢？"学生们哭笑不得地说："老师呀！若要如此，只怕乌鸦、老鹰会把老师吃掉啊！"庄子说："扔在野地里，你们怕飞禽吃了我，那埋在地下就不怕蚂蚁吃了我吗？把我从飞禽嘴里抢走送给蚂蚁，你们可真是有些偏心啊！”

一位思想深邃而敏锐的哲人，一个拥有浪漫达观态度的男人，庄子并没有把死亡的痛苦记在心上，面对一切他是大度的，面对死亡，他是从容、自在的。他领悟了人生的内涵——人生不过是路过，适时放下才自在。既然死亡的痛苦无人能幸免，又何必死死执着于它，不妨遗忘吧。

人生百年，每个人都是匆匆过客，落花有意流水无情，没有必要把短暂的生命时间浪费在痛苦上。“回忆过去，痛苦的相思忘不了”，即便是记住，留在心里的又能是什么呢？只不过是庸人自扰的借口与托词。要知道，你笑，全世界便跟着你笑，你哭，全世界却只有你一个人哭。不妨大度地遗忘吧，遗忘是美好的，学会遗忘那些痛苦，你的人生才会只剩下快乐；学会遗忘，你也便可以过得逍遥，快乐无穷。

痛苦自有其价值

霍金是谁？一个举世闻名的人，他是一个神话，一位当代最杰出的理论物理学家，一个科学名义下的巨人……又或许，他只是一个坐着轮椅，挑战痛苦命运的勇士。

当我们提到霍金这个名字的时候，总是会觉着他被赋予了神奇的色彩。一个在二十几岁就身患重病，连一个正常人的生活都不如，被医生告知寿命不长的有志青年，却凭借着对科学的热爱，对神奇的宇宙世界的追索，最后跨越了生命的危机，以他顽强的意志，战胜了自己，战胜了世界。

每个人都会有不同的命运，一个人一生中会遇到何种挫折与痛苦谁也不能预料。作为有理性的人来说，我们能做到的只是当挫折和不可抵挡的命运来临的时候，选择坦然地接受，然后努力改变，这样才有创造美好人生的可能。

多么庆幸，霍金选择了这条路。他曾经回忆说："我吃惊地发现，我现在比过去更加热爱生活。"痛苦并不是全是坏处，若能敞开胸怀去坦然接受，它定会给我们的人生更大的礼物。

"不经一番寒彻骨，怎得梅花扑鼻香？"因为经历过痛苦，我们伤心过、难过过、失望过，才得知最终跨越了千山万水，那种幸福更强烈，那种幸福更踏实，那种幸福更沁人心脾。经历重重痛苦，我们的生活才更完美、更充实，人生才会更有价值，也更有意义。

纪伯伦的寓言里有这么一则故事：一只蚌跟它附近的另一只蚌说，"我身体里边有个极大的痛苦，它是沉重的，圆圆的，我遭难了。"另一只蚌怀着骄傲自满的情绪答道："赞美上天也赞美大海，我身体里边毫无痛苦，我里里外外都很健全。"这时有一只螃蟹经过，听到了两只蚌的谈话，它对那只里里外外都很健全的蚌说，"是的，你是健全的，然而令你的邻居承受痛苦的，乃是一颗异常美丽的珍珠。"

河蚌是痛苦的，然而它承受的痛苦是一枚珍珠。人生是痛苦的，然而它自有其积极的价值。这就如古人“头悬梁，锥刺股”，苦则苦矣，但他们下苦功实现上进之志。

五彩的人生之所以缤纷，是因为痛苦的折射；每一次痛苦都意味着一种美的开始，这是痛苦的价值。

三、真正的王者——进退自如的男人

适当的示弱是以退求进

男人多是一副战斗的姿态，总是气宇昂扬，激情澎湃，很少有低头、后退的感觉。一门心思向前进固然能振奋精神，为自己提高战斗力，但有时这是固执和不开化的表现，尤其在如今纷繁复杂的社会中，一味前进会给人一副盛气凌人的样子，不利于人际关系的处理。

我们都知道这样一个简单的道理，想要品尝芬芳馥郁的茶水，就得放下手中的咖啡；想要出外旅游领略美景，就要放下工作离开喧嚣热闹的都市；想要获得晋升，就要付出比别人多一点的努力。人生不能同时得到一切，退一步才能得到自己想要的。表面看来，退步似乎意味着失去，意味着后退，其实在很多情况下，退步本身就是在前进，是一种低调的蓄势，大度地为自己保留实力。因为一旦你放开胸怀，你才能放下对个人意见的执著，放下今日旧念的执著你才会进步。

美国柯达公司在与日本富士公司竞争时，没有一味硬碰硬，而是采取“后退”的策略，勇于认输，不跟富士争“第一”。柯达公司先甘拜下风，既减少了恶性竞争造成的大量人财物力浪费，又使公司能够根据自己的实际情况制定适宜的发展策略，老老实实向富士取经。结果，柯达快速发展了，成了和富士不分伯仲的胶卷大王。

企业是如此，个人更要如此。大方、大度地接受他人的成功，放开胸怀学会退一步，你反而会得到意想不到的成功。星云大师曾说过：“有的人利益当前，明明可以抢占，他偏偏放弃；明明可以高升，他偏是后退。有人以为他放弃机会，放弃成就，太愚笨了。其实他深知‘进步哪有退步高’，一点也不笨。”

美国有一位拳王也曾说：“任何拳手都不可能打败所有的对手，好的拳手知道在恰当的回合认输。因为，及早认输，下次还有赢的机会；如果逞能，对手把你打死了，或把你拖垮了，你不是连输的机会也没有了吗？”

生活中，男人由于爱面子讲自尊，总是很执着，难退缩。然而一个人再有自尊，再骄傲，也不能以牺牲自己的快乐和幸福为代价。即便是铮铮铁骨，但终究是平凡如尘埃、脆弱如蝼蚁的人类，为何不学会在困境和挫折面前适时退缩呢？

退一步，其实是在眼界上、思想上前进了、提升了一个广度和高度，而不是身价和地位的降低。相反，成功的男人总喜欢退步的，他们知道退步原来是向前。当他们俯瞰这个世界的时候，他们会把事情看得更透彻，把关系看得更明白，更利于他们的前进。他们以退为进是不争，以众为我是拥有，以空为乐是法喜，以无为有是富足，战胜了别人，也快乐了自己。

输得起才能赢得起

世界上没有常胜将军，输赢乃是兵家常事。一个男人一生中，不可能总是一帆风顺，事事遂心，难免会遭受挫折，甚至是失败。胸怀宽广的男人，不惧怕失败，因为他们知道唯有输得起才能赢得起。而有些男人心理素质较差，心眼小，经不起一点点的失败。工作中被领导训斥一次，就会渐渐失去了自信；失恋一次，就对爱情失去了信仰，号称“我再也不相信爱情了”；创业失败一次，即使有好机会使问题出现转机，也没了再一次出发的勇气……

二战后，美国有位记者前去德国柏林采访发现：战败的德国市民在残破的窗台上种着一盆盆鲜花，开得灿烂无比。这位记者不胜感慨：这个民族受到如此重创，心里还充满了希望，真是一个伟大的民族！

一个经得起失败的民族是伟大的民族，自会有愈合创伤重新起航的能力，一个经得起失败的男人也如此，自会再次挺起胸膛，开创一片新天地。他们的心胸宽广，能容得下失败，能装得下挫折，他们自会努力寻找方法，寻求新的突破，从而让人生变得更加卓越。

很多男人不愿意承认自己认输，因为认输就表示宣告失败，认输就表示低人一等，这样想其实是错误的。世界上的任何事物都有两面性，认输也有它积极进取的内涵，暂时性的认输是聪明的举动，它能使人以退为进，赢得潜心发展的主动权，扬长避短，从而最终一举获得成功。如果任何时候我们总是硬认死理，逞强好胜，盲目蛮干，一味地刚强、一味地硬撑，只会让事情变得繁杂和艰难，甚至给自己带来不必要的伤害，看似没输，其实最终输掉的是自己。一个男人只有会审时度势、随机应变、刚柔并济，适时懂得认输，才能保护自己，立于不败之地。

奥地利作曲家舒伯特说过：“只有那些能安详忍受命运之否泰者，才能享受到真正的快乐。”一个男人只有具备输得起的胸怀，才能让失败成为有益的增进剂，输不起只会让你输得更惨。

输得起才能赢得起，即使在生命僵死之处，也会有清泉涌出。因为失败本身就是财富。

懂进懂退，人生才不累

蜂鸟，体型很小，是唯一可以向后飞的鸟，也是世界上最小的鸟之一。在所有动物当中，蜂鸟的体态最妍美，色彩最艳丽。但是，这种美丽的小鸟差一点就从地球上消失。

传说，这种可爱的鸟儿在很久很久以前，并非像现在这样倒着飞行。因为它们的家族有这样一个规矩：只准向前飞行不许后退。在进行集体活动的时候，如果有哪只蜂鸟胆小退缩，就会遭到集体的围攻，后果就是被自己的同类啄死。

一次，一场森林大火来临，所有的蜂鸟为了保护自己的家园在鸟王的带领下，集体向烈火扑过去。结果，无一幸免，冲过去的蜂鸟们都葬身在火海之中。这时候，一只蜂鸟动摇了，它试图后退。鸟王很快发现了它的举动，指挥大家围攻它。可是，这一次大家并没有听从鸟王的命令，都无动于衷，甚至许多蜂鸟也开始后退。

结果，只有这一小部分后退的蜂鸟存活下来，才使得这可爱的小精灵们有幸继续存活在世界上。

懂进懂退，人生才能不累。一味地告诉自己前进，前进，无非是给自己增加了重压，但并不一定会收获好的结果。就像是这群蜂鸟，如果当时集体前进，那么就不可能有后来的繁衍生息了。真正的王者，在遭遇困境的时候，不会一味盲从，告诉自己前进前进，而是该进则进该退则退。因为他们知道，即便是后退也能找到生命的出口。

荀子说，人生如果到了如《诗经》中所说的，“往左，你能应付裕如；往右，你能掌握一切”这样的境界，就不会枉为人生了。大丈夫有起有伏，能屈能伸。起，就直上九霄，伏，就如龙在渊；屈，就不露痕迹，伸，就清澈见底。漫漫人生路，进一步是为了越千重山，或是为了破万里浪；低一低头，更是为了昂扬成擎天柱，也是为了响成惊天动地的风雷。如此懂进懂退，即便今日成渊谷，明天也足以抵达珠穆朗玛峰的高度，依然会笑意盎然傲视群雄。

圆融的人生才会快乐

文学大师梁实秋先生在世的时候，患有糖尿病。有一天和朋友们一起聚餐，当一盘盘美味的菜肴端上来之后，梁先生一口都不动。他告诉大家，这些他都不能吃，含有糖分。因此，在大家都狼吞虎咽的时候，梁实秋先生只在一旁“观看”。

最后，服务员端上了八宝饭，大家都想这位文豪更不可能碰这种食物了，因为那里面既有糖，又有能转化成糖的饭。哪知一端到桌上，梁实秋先生立刻高兴地笑着说：“这个我要。”大家百思不得其解，诧异地看着他。

他微笑着说：“我前面都不吃，就是为了后面吃，我血糖高，得忌口，所以必须计划着，将配额留给最爱。”

在生活中其实也一样，将配额均分好，该放弃的放弃，该争取的争取，学会圆融才会快乐。相反该进的时候不进，会失去机遇，丧失了最爱；该退的时候不退，会惹来麻烦，徒增烦恼。

我们每个人的生命都差不多长短，也就是说我们的时间大致是一样的，有的人总是在不断劳碌却不快乐，而有的人却能够有所成就且活得洒脱？这正是由于有些人懂得圆融的智慧，舍弃一些，得到一些。没有什么种子是你随意撒到土中就会长出你所期望的那种果实，你要花费时间去灌溉、施肥，也要懂得拔掉杂草，除掉害虫，该放弃放弃，该保留保留，唯有这样才能结出令你满意的果实。

综观古今，大凡快乐的人，无不是深谙圆融智慧之人。退而不隐，强而不显，大智慧者往往掌握了进退方圆的秘诀，为众人敬仰。知晓进退，懂得方圆，是我们能于历史的潮涌中得以应万变的法宝。人生之所能过得快乐，关键就在于用绝了为人处世之道，进退之时，俯仰之间，都运用自如、超人一等，让左右暗自佩服，以之为师，自己也能乐得其所。

有所放弃才能够有所进取

一个年轻小伙儿患上了骨癌，医生告诉他保住生命的唯一办法就是截肢。起初，他接受不了失去一只腿的噩耗，不听医生和家人的劝告。结果两个月的化疗时间，他一头黑发也都掉光了。看着自己光秃秃的头顶，他突然也怕失去生命，于是他找来医生做手术。

醒来的时候，他再也看不到曾经那陪他跑步、滑雪、玩耍的右腿了，他哭了。但幸运的是，这次手术终于遏制了癌细胞的扩散，虽然失去了一只腿，却保住了自己的性命。

人生就是这样，有所放弃才能有所进取，什么都想要的结果就是什么都得不到。为了一条腿失去性命，自然是得不偿失。许多时候，该放弃的时候，就应该大方地放弃，放开心胸告诉自己：这没什么大不了，我放弃了这，但收获了那。在我们能选择的时候，千万不要丧失选择的机会，否则如果在应当放弃的时候不去选择放弃，当你失去选择的机会的时候就只能空悲叹了。

戴尔·卡耐基在《人性的弱点》一书中写道："如果你想要钓鱼，就必须花些钱买鱼儿爱吃的鱼饵。"多简单的道理，如果你想钓上鱼来，别指望不用任何鱼饵就想着让鱼儿自己不停地上钩。先舍得钱财去买鱼饵，才能收获你的鱼儿。因此，所谓的放弃是为了以后的收获，那么失就是得到的前提条件，所以，失也就是不失，反而是得。

所以，从现在开始，不要固执，该放手的时候就要放手，那是为了在以后更多的日子里抓住成功。不仅如此，会放弃，对心境也是一种宽松，是一种滋润，懂得放弃的人豁达、不盲目、狭隘，它清扫了心房。有了它，人生才能有爽朗坦然的心境；有了它，生活才会阳光灿烂。

山不过来，我就过去

一位学人听说世上有一种“移山大法”，于是四处拜访名师要学习这种大法，但都未能如愿。一天，他去拜访一位大禅师，把自己的苦恼向禅师诉说了一通。禅师听完后告诉他：“你不用到处跑了，我可以教你‘移山大法’。”

这位学人十分高兴，以为终于可以学习到“移山大法”了。可是，几天过去了，禅师并没有教给他什么“移山大法”，只是让他做些简单的事情。他终于耐不住了，问禅师：“师父，你什么时候教我‘移山大法’？”

禅师回答：“世界上根本就没有‘移山大法’，但有一种方法也能达到你所希望的目的。”

学人激动地问：“是什么法子，请师父快告诉我。”

禅师平静地说：“山不过来，我就过去。”

学人恍然大悟。

在我们的现实生活中，有着许多的“大山”，我们无法移动，或者说暂时无法改变，那我们怎么办呢？我们不能眼界狭隘地就停留在改变不了的山上，而是应放开心胸，学会改变自己。是的，人生没有固定的步伐，路是自己走出来的。有时候我们可能无法改变生活中的一些东西，但是我们可以改变自己。无法改变人生，但可以改变自己的人生观；无法改变生活环境，但可以改变对环境适应的心态；无法改变周围同事的行为，但可以改变自己处世的方式。山不过来，我就过去。只要我们放弃了盲目的执着，选择了开阔的心胸，就可以化腐朽为神奇。大凡高效能的成功人士，踏上成功之途总是从改变胸怀开始的，他们知道世界上总有路可走，这条路取决于自己的心胸。

毕加索说：“每个孩子都是艺术家，问题在于你长大成人之后是否能够继续保持艺术家的灵性。”不要被一种思路禁锢住，才会看到完全不同的景象。要知道“横看成岭侧成峰，远近高低各不同。”放开你的心胸如孩子般一样去想象，从不同角度，用不同的视角观察和思考问题，就能从“山重水复”的迷境中走出来，欣赏到“柳暗花明”的美景。

真正的王者——成也平静，败也平静

世人都追求成功，失败总是往往避而不及。在面对人生成败的问题上，林语堂先生说得好："人生不过如此。"虽只是简单的一句话，却包含了太多深刻的内容。人生不过如此，成与败又何必在意？再辉煌的成功也只是一瞬，能享用的快乐又有多少？再惨烈的失败也会有烟消云散的一天，终究消失在时间的长河中。推得过去，是生活；推不过去，也是生活。人生正如下棋，要的就是一种享受和学习的过程，而不是最后赢的结果。在人生的舞台上，只要我尽情地舞蹈过，就足以，这一生已足够。

在中国商界，有人用"沉浮"二字去形容他的过往，史玉柱确实是经历了起起伏伏的重大变化。几番商海征战，如今很少有人再看到他像早些年那样狂热、亢奋、浮躁，更多的是沉稳、坚韧和执着。即使是十分危急的关头，他也是一副胸有成竹、不慌不忙的样子。身价百亿的他早已看透了成败得失，把平静作为自己的常态。

有人说看一个人是否成功，我们不能看他成功的时候或开心的时候怎么过，而要看其在不顺利的时候，在没有鲜花和掌声的落寞日子里怎么过。越困难的时候，越能看透一个人的心境好不好。真正的王者，起起伏伏，沉沉落落，最终会回归平静。他们早已学会了笑看成败，让自己在平静中变得强大和不可战胜。

看淡得失和成败，人生才能更加轻松地阔步前行。人生在世，无论辉煌、平庸、艰涩、幸福，每做一件事，总难逃一个结果。有些人因为结果忧伤，有些人因为结果快乐，有些人因为结果痛苦不已，有些人又因为它兴奋得难以入眠。其实，无论结果怎么样，无论是得是失，是成是败，它只是一个结果，一个符号，一个不能限制我们、也不应限制我们前行的小插曲。

18世纪英国著名的外交家查斯特·菲尔德爵士曾经说，“一个富足的个性，在生活中，能够笑看输赢得失。他们深信自己的潜能足以实现任何梦想。”智者的话总能给我们启迪。生活中，我们需要成败的磨炼，得失的考量，我们要经得起大的喜悦，也要受得了大的波折，大起大落间，方能彰显一个人的价值和意义，而人生就是在苦乐的流转轮回中悠然过往的。

机会往往属于那些善于低头退步的人

一首禅歌这样唱道：“手把青秧插满田，低头便见水中天，心地清净方为道，原来退步是向前。”农夫在稻田里伏背插秧，随着他的一步步后退，一行行整整齐齐的秧苗在面前延伸，再延伸——原来退步便是向前。悠悠然退到田边时，眼前收获的竟是一片葱绿……

一个男人要想获得成功的机会也如此，更要学会低头退步。“有一种胜利叫做撤退，有一种失败叫做占领。”这是红遍大江南北的电视剧《潜伏》里的对白。里面的男主角余则成是一个优秀的间谍。之所以说他优秀，并不是他无所不能。而是说他是一个以头脑代替手脚的人，更多的时候他是在用自己的头脑工作。他聪明，是一个深谙进退之道的聪明男人，正是凭借这种以退为进的战略，才使得他稳稳登上了副站长的宝座，为党获取了更多的情报。与之不同的是，马奎、李涯、陆桥山三人，他们就像大海里的马嘉鱼一样，一心只想向前，而不懂得适时后退，最后只能以悲剧收场。

男人对机会的看重胜于一切，因为他们对权利与金钱的敏感度高于女人，他们想要在工作中获得晋职升迁的机会，想在创业中获得稳定投资的机会，想在爱情中一举获得她芳心的机会……他们成了疯狂的追求者，一心向前，不准许自己低头退步，好似退一步，机会便会逃之夭夭了。低一下头，便被别人踩在了脚下一般，其实则不然。列宁曾说过“为一跃而后退”，后退往往可以总结过去，积蓄力量，这样才能赢得更多的机会，因为“机会永远是留给有准备的人”。就算是在意气风发的时候，也需要让自己的脑袋低下来。骄躁的心是无法对前进的路做出冷静、客观的分析的，得意容易忘形，忘形之后我们离失败也就不远了。

我国著名哲学家、作家周国平对此曾经有一句十分精辟的评价——最凄凉的不是失败者的哀鸣，而是成功者的悲叹。不懂进退，成功也会失去；心胸旷达，退一步，失败也能重新占领成功的机会。不为失败哀鸣，更不能成为成功者的悲叹，要做一个进退自如的人，时时刻刻抓住进取的机会。

伟大是没有界限的

在菲律宾西部海岸每年都会有一个壮观的景象，海面上一大片“黑云”飞来，那正是南迁的燕子。它们靠近了海岸，欢快地鸣叫。但是，到达目的地之时，许多燕子却永远闭上了眼睛。它们是成功的，因为它们历经千难万险，终于到达了目的地。但他们并不伟大，因为它们永远失去了生命。

正如余秋雨《坦然的生活》中所言：“许多的事情得失成败我们不可预料，也承担不起，我们只需尽力去做，求得一份付出之后的坦然和快乐；许多的人我们捉摸不透防不胜防，往往是我们想走近，人家却早已设起屏障，我们不必计较，我们唯一能做的是，在我们必须面对他们的时候，奉上我们的真心，然后感铭自己的伟大；许多的选择如果让我们抓住，有可能抵达成功，但我们一次次的失却机会，没有关系，那只是命运剥夺了你活得高贵的权利，却没有剥夺你活得伟大的权利！”

所有的成败、荣辱、利益纠纷，所有的困苦、挫折、不屑和批评，其实都如林语堂先生说的一样：“不过如此。”最成功的时候我们依然是肉体凡胎，只是物质上有了些许改观；遭到打击失败之时，我们也依然是那个自由畅快的自己。成功或许有界限，一个目标的达成，一个目的地的到达，一笔金钱的收获等等，都属于成功。然而这并不代表着伟大，伟大是即便失败了，但是能重来，敢于重新活过一次，不辜负这有限的生命。如果说成功难得，那么伟大便是我们可以自己做主的。只要你能在人生道路上进退自如，放开心胸，不计较得与失、名与利、贵与贱、富与贵，你就可以说自己活得很伟大。因为我们战胜了自己，一切都在自己的掌控之中。但若说成功难得，那么伟大更难得。因为没有比坦荡的心胸更难的事情了，世上不少人都因为没有能战胜自己而沉浸在苦恼中，得不到解脱。其实，只要想得开，放开心胸，伟大便不再是界限，你就可以过好生活，发现任何事情都有本身所具有的快乐和诗意。

谁幸谁不幸，是得还是失，往往都在我们的一念之间。如果开阔了自己的眼界、胸怀，遇事能坦然面对，那么失也是得；如果不能乐观豁达，狭隘看人生，那么得也是失。

四、胸怀大的男人懂得“糊涂”过

糊涂一时，免千日之忧

在《糊涂一点潇洒一点》中，季羡林写道：“普天之下，绝大多数人，争名于朝，争利于市。尝到一点小甜头，便喜不自胜，手舞足蹈，心花怒放，忘乎所以。碰到一个小钉子，便忧思焚心，眉头紧皱，前途暗淡，哀叹不已。这种人滔滔者天下皆是也。他们是真糊涂，但并不自觉。他们是幸福的，愉快的。”他说这世界上有真糊涂和假糊涂之分，有些人是真糊涂，沉溺在世间的表象之中，因为不清醒，所以活得有滋有味，这种糊涂大概是让清醒者艳羡不已的。也有一些人，看透了这世间的勾心斗角，尔虞我诈，明知现实情况如此而不得不装点糊涂，如郑板桥所说的“难得糊涂”便是这类。是做一个真糊涂而缺少自我的快活人，还是做一个假糊涂但清醒正派的人，每个人都有不同的选择。但无论怎样选择，糊涂一点终归是对人生有百利而无一害的。

这是因为，清醒的人看得太真切，一较真，生活中便烦恼遍地；而糊涂的人，计较得少，虽然活得简单粗糙，却因此觅得了人生的大滋味。

人生在世，有太多事情会干扰我们的内心。名利、金钱、地位、得失，它们的存在让一个男人无法始终保持内心的平静。一个深陷其中的男人，总会不停地为之奔波、纠缠、嫉妒，总想做最得利最清醒最不吃亏的那个，但一番较量过后，往往落得一个最疲惫甚至伤痕累累的结果。

虽然人生不能总是糊涂，但也不能一直他人众醉我独醒，该糊涂便装点糊涂，人生就会幸福很多。

吃点亏是福气

两个邻居因为一堵墙打起了官司，其中一家有人在外做官，便找他做主，官员给家中寄去了四大大字——“吃亏是福”。同时又另附了一首打油诗：

千里告状只为墙，
让他三尺又何妨；
万里长城今犹在，
不见当年秦始皇。

接到信，这一家人顿然醒悟羞愧难当，当即撤了诉状，并向自己的邻居表示不再相争，后退三尺。那邻居也被另一家的一片至诚所感动，也后退三尺。于是便出现了有名的“六尺巷”，两家重归于好。

这样一段佳话，留下了“吃亏是福”的千古趣谈，也留下了一种为人处世的智慧。各退让三尺，却换来了两家人融洽的关系，何乐而不为呢?

净空法师曾说很多人怕吃亏，因为害怕“我尊敬别人，别人不尊敬我，我爱护别人，别人讨厌我，我帮助人，别人不帮助我。于是不肯干了，别人怎么对我，我也怎样对人，还是犯这个老毛病。”生活与工作中，我们都会遇到各种各样的人，都要与各种各样的人相交相处。在人际关系中，不可能所有的人做出的所有事都能符合我们自己的意愿，难免会出现磕磕碰碰，难免会发生问题。有人说：只要有人的地方，就会有争斗。若想与他人和平相处，就要拥有一个良好的人际关系网，在原则范围内，偶尔吃亏，偶尔退让，既是一种包容的胸怀，也是一个友好的讯号。若太过计较，双方都将陷入坏的情绪中而难以挣脱，对他人无益对自己也没有好处。

《憨山大师醒世歌》中说：“吃些亏处原无碍，退让三分也不妨。春日才看杨柳绿，秋风又见菊花黄。”生活处世中吃点亏，有时反而会让人看到更美的风景。做男人不能太偏执，太自我，要学会把心胸放宽，包容万物，只有这样才能够自然地在世间活得游刃有余，要知道有了“容”，才有“融”。人间真正的快乐，不是自己能够创建的，他是与他人相互妥协而取得的和谐，懂得给予，适当的时候吃点亏，只有这样才能拥有快乐。狭路相逢时，各让一步，则皆大欢喜，否则，你怎么知道你就是那个勇者能胜利呢？结果往往是两败俱伤罢了。

水至清则无鱼，人至察则无徒

“水至清则无鱼，人至察则无徒”这句话，源于《大戴礼记·子张问入官》，意思是水如果太清了，就没有鱼了；人如果太精明了，就没有同伴了。在生意场上打拼的男人们，总要学会一点假装愚钝的方法，否则人太精明了，就没有伙伴没有朋友。因为精明者往往容不得他人有小小的过错或性格上的小小差异，胸怀变得极为狭隘，他总会过分要求与一己的同一或者要求所有人一举一动均符合或者满足一己的标准，但每个人总是有着各种不同的性格和待人处事的方式，除非是克隆体，否则永远无法达到每件事的一致性，因此太精明容易出现摩擦以至矛盾、冲突，若再没有宽容的精神去调和，结局便是人心不附，众叛亲离。而很多有才或者有财之人，他们往往会选择糊里糊涂地隐藏自己，假装愚钝，从不处处炫耀自己来满足虚荣心。因为，他们知道，只有放开胸怀学会糊涂地隐藏，才能不让别人知道自己的底细，让别人探不出虚实。这就是糊涂的好处，糊涂地隐藏自己的好处，总是让人探不出自己的深浅，给对手真亦假假亦真的错觉。但一旦动起真格，他们会像一柄锋利的剑，直刺对手要害。

唐伯虎是明代著名画家，文学家，他不仅才华横溢，为人处事也聪明绝顶。明代宗室宁王朱宸濠很赏识唐伯虎，有一天，他特地派人用一百两黄金把他从苏州请到了江西去做官。为官半年以后，他看出朱宸濠日后会谋反的迹象。为了避免卷入是非，招致杀身之祸，唐伯虎便开始装疯卖傻来躲避。

一次朱宸濠派人来送礼，只见唐伯虎赤身裸体蹲在地上，还随口乱骂。这一举动让朱宸濠信以为真，以为他真的疯了，于是就放他回家了。

不久，朱宸濠起兵反叛。唐才子因装疯逃过一劫，做他的。桃花庵里桃花仙。去了。

胸怀大的男人不在意装一时的傻瓜，更不在意一时被别人认为是愚笨，他们志在四方，志在长远，他们懂得明哲保身最重要。

当然假装愚钝，重点在于一个“假”字。这里的“假”，就是在形势不利于自己的情况下，放下面子，放开心胸，别在意毁一时的形象去做一些表面文章。这样便可隐藏自己的才能，掩盖自己，以免给自己带来不必要的麻烦。

主动让点利不是糊涂，长久买卖得利得人心

郑板桥为官时，将官场和世事看得太清楚、太明白、太透彻，性情刚直，不谄媚、不圆滑的他无法释之。但不平不公之事太多，他无能为力，只好在“糊涂”之中寻求遁世之术。

人人都知道郑板桥曾经说过“难得糊涂”这四个字，但真正理解其含义的，却少之又少。每个人都能随口说出“难得糊涂”四个字，却很少有人在现实生活中真正做到。当坐公交时不小心被人碰到，你想到的很可能不是“难得糊涂”算了吧，而是睁大眼睛狠狠地去瞪他一眼；当与同事发生口角，想的可能不是“难得糊涂”别计较了，而是锱铢必较一定要争出个是非对错；当在家里与妻子生气，也许想的不是“难得糊涂”不吵了，而是大呼小叫非要让对方道歉才罢休……难得糊涂，主动吃点小亏又何妨？

在生活中，有些聪明的人往往依仗自己的聪明，目空一切，绝不吃亏让利。这种人很爱把自己的小聪明小利益摆在脸上，而且会想方设法地让别人知道自己的聪明，让别人为自己让利。这种做法是非常危险的，越是不想让利，就越容易引起吃亏。相反，糊涂一点主动让点利，会长久得利得人心。王先生就是这样一个主动让利的服装店店主。

他在不到两年的时间内，他将自己的一家小店扩展出五

家分店，发展势头迅猛。这全在于他胸怀大，从不斤斤计较，而是对客户都是主动让点利。他做服装生意秉承两个原则：一是依质量定价，物美价廉；二是有着一套较好的互惠模式。

这种互惠模式其实就是利用看似吃亏的方式来促销的营销模式，如：客人A在商店购买到物美价廉的货物后，如果能够介绍客人B购买货物，那么客人A将会得到一张打折卡。客人B介绍客人C，客人B也会得到打折卡，循序渐进地进行。

这种营销模式，使得在商店获得利润的同时，也激发了客人因得到商店给予的利益而介绍朋友的欲望，从而促进了商店的消费。王先生这种巧妙让点利的吃亏原则，看似自己吃点亏把实惠送给了顾客，其实为自己带来了更大更广的客户源。

生活中这种主动让点利吃点小亏的事例随处可见。只要我们放开胸怀拥有长远眼光才能真正做到。不爱吃看得见的小亏，反而吃了看不见的大亏，正所谓“抓了芝麻，漏了西瓜”。其实，要懂得吃亏才是不亏的道理，就像天上的日月不可能永远盈，也不可能永远亏一样，你也不会永远处在亏的地步。因为很多时候，看似吃亏，实际上有一个更大的补偿在等着你。

小事糊涂，大事精明

如今现实复杂的社会，已经鲜有人懂得糊涂了。糊涂一下，便害怕被人欺负；糊涂一下，便觉得受了欺骗；糊涂一下，就害怕晋升的机会被别人捞走了……在这个人人寻求精明的社会，许多人费尽心机想的是如何占点便宜，如何捞点油水，如何"空手套个白狼"。然而，真正懂得为人处世之道的男人们，还是一直坚持这样一个原则：小事多点糊涂，大事要精明。因为他们知道任何事情都不是绝对的，聪明过头，并非是件好事。相反，会聪明反被聪明误，害了自己。

现实生活由很多的小事和大事组成，对于小事不能太计较，盘根错节，错综复杂，计较来计较去反而失去了大男人的风度，让别人觉得自己小家子气，容易伤及与他人的感情，还会理不清理还乱，越计较越复杂。聪明的男人不妨让这些小事顺其自然，在不丧失原则和人格的前提下，尽可能装糊涂一些；或为了顾全大局，暂且睁一只眼闭一只眼，这才是聪明男人的做法。给他人一点小好处，待到他日他人一定会给自己一个大好处。

除此，你若不分大事小事都显现出一股聪明劲头，就会引起别人的反感和嫉妒，甚至有可能使自己受到无谓的伤害。要知道"枪打出头鸟"，不学会隐藏锋芒，早晚会被自己的锋芒所伤。干大事业者，大可不必在一些琐碎小事上精明，低调点，隐藏实力才能蓄积待发。否则在小事上纠缠不休，不仅把自己搞得精疲力竭，心绪不宁，也切实得不到多高多丰厚的利益。这样生活，太得不偿失了。

北宋人吕端，官至丞相，是三朝元老，他平时不拘小节，不计小过，仿佛很糊涂，但处理起朝政来，却机敏过人，毫不含糊。宋太宗称他是“小事糊涂，大事不糊涂”。有一种人恰恰相反，只要是便宜就想占，只要是好处就想贪。为了一点小利，不顾前程；为了一点小过，争个你死我活。这种人看似聪明，其实再糊涂不过了。

大事精明，小事上糊涂一下又何妨。只要能在大事上、原则问题上保持清醒头脑便可。为人处世，还是那句俗话说得好：大智若愚。愚在小事上，多装点糊涂，智在大事上，心里清楚明白，这不是一种更为高明的处世艺术吗?

做“小迷糊”，左右逢源

在现代社会中，人际关系的处理是生活和工作中不可或缺的一部分，朋友是一个男人一生中的“必需品”。好的人缘可以带给男人很多成功的机会，好的朋友同样可以成为男人人生路上的一盏明灯，关键是自己如何抓住好的人缘和益友。

《菜根谭》中说：“君子要聪明不露，才华不逞，才有肩鸿任钜的力量。”生活中，很多男人总以为要表现出精明的样子才能左右逢源，因此经常卖弄自己的小聪明来以此结交朋友。殊不知，这不仅不会得到朋友，更会让别人觉得你清高、浮夸。

世上许多自诩聪明的男人，身边鲜有益友协助提携，到头来总是吃尽苦头。因为他们吃不得小亏，哪怕是一点蝇头小利也与他人斤斤计较。不计较得失的人永远被他们看做傻子，更不会与这样的人结识为好友，而他们得到便宜后也偷偷窃喜。这些人的可悲之处大概在于聪明反被聪明误，被自己的小聪明欺骗。

中国文学家林语堂先生曾在《中国人之聪明》中说道："郑板桥曰：'难得糊涂'，'聪明难由聪明转入糊涂为尤难'，此绝对聪明语。俗语曰：'聪明反被聪明误'，亦同此意。陈眉公曰：'惟有知足人，鼾鼾睡到晓；惟有偷闲人，憨憨直到老。'亦绝顶聪明语也。故在中国，聪明与糊涂复合为一，而聪明之用处，除装糊涂外，别无足取。"

在他眼中，这些"小迷糊"们是一群具有包容度的人。他们诚实、善良、不施诡计、不为利益驱使，不蝇营狗苟。他们的糊涂是体谅别人，也能保护好自己。适当装糊涂，不说破一切。这才是真正聪明的人。

其实"糊涂"既是一种理论，也是一种思维，它为人际关系开拓了广阔天地。在交往过程中，你若能该糊涂时灵活地糊涂一下，少点计较、较真，多点吃小亏，这样的"小迷糊"，谁都愿意走近你。走近你才能了解你，了解你才能逐渐成为你的朋友。要记住，良师益友也许并不能帮你做好工作、成就事业，但他却可以指引你如何顺利地走过这条路。

不较真的男人过得快乐

很多时候，我们的痛苦和悲剧都来自较真。有一首流行歌曲《雾里看花》，歌词大意是：借我借我一双慧眼吧，让我把这世界看得清清楚楚、明明白白、真真切切。实际上，我们若把这世界看得清清楚楚、明明白白、真真切切之后，也未必活得快乐。一切都看得透透的，我们也就此失去了可苦、可恼、可乐、可痛的事情，当一个人连可苦、可恼、可乐、可痛的事情都没有了，活着又有何意味？

“水至清则无鱼，人至察则无徒。”做人不需要看得如此透彻明了，只是需要糊涂一点，不能对任何事都过于较真。太过较真就是勉强，勉强终究不是出于情愿，不情愿就不快乐。

三伏天，禅院的草地枯黄了一大片。“快撒点草籽吧，好难看啊。”小和尚央求着老和尚。

“等天凉了，”师父挥挥手，“随时！”

中秋，师父买了一包草籽，叫小和尚去播种。秋风起，草籽边撒边飘了起来。“不好了，好多草籽都被风吹飞了。”小和尚着急地喊道。

“没关系，吹走的多半是空的，撒下去也发不了芽。”师父说，“随性！”

刚撒完草籽，就飞来几只小鸟前来啄食。“要命了！草籽都被鸟吃了！”小和尚急得跳脚。

“没关系，草籽多，吃不完。”师父说，“随遇！”

半夜一阵骤雨，一大早小和尚就急冲冲地冲进禅房：“师父，这下真完了！好多草籽被雨冲走了！”

“冲到哪儿，就在哪儿发芽！”师父说，“随缘！”

半个多月过去了。原本光秃的地面居然长出许多青翠的草苗，一些原来没播种的角落也泛出了绿意。小和尚高兴得直拍手。师父点点头：“随喜！”

人生终究不过是百年，何不活得快乐和洒脱一点。《菜根谭》中有这样一句话：“有一乐境界，就有一不乐的相对待；有一好光景，就有一不好的相乘除。只是寻常饭、素位风光，才是个安乐窝巢。”一粒沙里一个天堂，一朵花里一个世界。平平淡淡的寻常日子，只要不去较真都能过得开心。随缘生活，随意自在。不要让自己为功名利禄所累，以平和的心态对待人或事，就少了许多烦恼。

所以，无论你是高居庙堂之上或平处江湖之远，不必时时事事太过较“真”，于朴实无华的心境中生活，于宁静中净化自己的灵魂，于贪求中变得淡泊，你便会自由自在。

路留一步，味减三分

《菜根谭》中说“路留一步，味减三分”，意思是在经过道路狭窄的地方时，要留一点余地让别人能走得过去；在享受美味可口的食物时，要留一些分给别人品尝。一个男人要想拥有辉煌的事业，拥有快乐幸福的婚姻，总要学会留点余地，无论是对敌人、亲人、朋友皆如此，有这样的气度和胸怀，他才能受到别人的尊重。

三国时期，各势力长期混战，曹操在这个过程中逐渐强大起来，成为唯一能和袁绍抗衡的力量。

不过在当初，曹操的势力远不如袁绍。他的很多部下也暗自与袁绍勾结，来为自己铺后路。然而官渡之战，曹操以少胜多获得了胜利。结束后，曹操将所得的金银珠宝和绫罗缎匹赏给军士。在清理战利品时，曹军从袁军大营里缴获了一大摞书信，都是之前曹操的部下写给袁绍的密件。那些写了信的人见秘密即将揭露，个个都胆战心惊，以为这回死到临头了。

曹操左右的人也提议：“可逐一点对姓名，收而杀之。”然而聪明的曹操并没有得理杀人，而是大度地处理了这件事。他说：“当绍之强，孤亦不能自保，况他人乎？”于是曹操一眼也没看信件，就下令将其全烧毁。

他的部下见他这样有胸怀，宽宏大量，是一个靠得住的君主，便更加忠心地追随他。

曹操烧信赢得人心，可谓匠心独运。他运用的正是有理也要让三分，给他人留点余地的吃亏智慧。

都说“大度能忍，方为智者本色”。在人际交往当中，如果没有海纳百川的容人肚量，是很难容忍别人的缺点及对自己某些利益的损伤的。时间长了，交往的圈子就非常狭小，自己的人生境界自然就难以提升。曹操是看透了人性的，人在特殊情况下，被眼前利益驱使，都有可能说错话，做错事。如果曹操得理不饶人，睚眦必报，那么极有可能造成军心动摇。况且，当时正是用人之际，消除了异己，实力也将大大受损。这是极不明智的选择。

反之，“人非圣贤，孰能无过”，若大度地给他们一个改正错误的机会，则会吸引更多的人来为自己效劳。这看似吃亏实则是福，唯有胸怀宽广者才能体悟这其中利与弊。

知足常乐

有一幅名字叫做“知足常乐”的画：一个骑高头大马的人昂首走在前面，一个骑毛驴的人悠闲地走在中间，走在后面的是满头大汗推着小木车的老汉，上面写着这样的几行诗句：世上纷纷说不平，他骑骏马我骑驴，回头看到推车汉，比上不足下有余。

这幅画虽然简单，却蕴含着深刻的哲理，都少人因为不曾明白其中道理而陷入苦痛之中。知足常乐，是一种难能可贵的修为。对于世间纷繁的事物，对于能产生无穷欲望的人类来说，能够做到知足实在不是件容易的事情。然而知足常乐，事能知足心常惬。懂得了这一点，也就有能获得常人难以获得的坦然和宁静。

大部分男人都是怀有大抱负，大志向的，一心想着干出一番伟大事业，以为知足常乐便是没有上进心的表现。其实这是错误的想法，知足常乐是一种看待事物发展的心情，不是安于现状的骄傲自满的追求态度。《大学》曰“止于至善”，是说人应该懂得如何努力而达到最理想的境地和懂得自己该处于什么位置是最好的。知足常乐，知前乐后，也是透析自我、定位自我、放松自我的重要一环，懂得知足才不至于好高骛远，在事业和生活中迷失方向，不懂得知足一味不根据实际情况的向前、向前，最终不是累垮了身体就是累坏了心，又何谈成就事业?

胸怀大的男人都懂得知足，知足的男人都胸怀大。对事，坦然面对，欣然接受，从不固执向前和勉强执着；对情，相濡以沫，你若安好便好，从不祈求大富大贵，完全拥有；对物，得到便是属于我，得不到也不望尘莫及。有一颗宽敞的心，对事、对情、对物能做到知足常乐，生活和工作也便充满和谐、平静、适意、真诚。

知足这是一种人生底色，当我们都在忙于追求、拼搏而找不着北的时候，知足常乐，这种在平凡中渲染的人生底色所孕育的宁静与温馨对于风雨兼程的我们是一个需要停靠的港口。真正做到知足常乐，人生会多一份从容，多一些达观。

五、有胸怀，你就会有人脉

胸怀帮你打开人脉之门

美国成功学大师卡耐基经过长期研究得出结论，说：“一个人成功的因素，15%可以归因于他的专业知识，85%却要归因于人脉关系。”这绝非夸大其词，因为一个男人若想成功，就要首先打开你的人脉之门。你的人脉关系越丰富，你的能量也就越大。能成就大业者，除了要有一定的业务知识，更为关键的还是他拥有广阔的人脉资源。无怪乎美国石油大王洛克菲勒说：“我愿意付出比天底下得到其他本领更大的代价来获取与人相处的本领。"

谁拥有人脉，谁就能赢得最终的胜利。善于利用人脉关系，已经成为一种"潜规则"。那么如何打开你的人脉之门呢？首先要做的就是敞开你的胸怀。一个没有胸怀的男人是很难与他人共享利益的，这样的男人如何获得别人的信赖？一个没有胸怀的男人总爱投机取巧，这样的男人如何取得别人的信任？一个没有胸怀的男人不会吃亏，只会自私自利，这样的男人如何获取别人的认可……

没有胸怀，是一个男人最大的弊端。气量不大，是没办法与他人结交朋友的，因为没有人想要一个小气、自私、斤斤计较、较真的人作为自己的朋友。

所谓"宰相肚里能撑船"，这不仅仅是一种宽阔的胸襟，更是一种高尚的人格修养，一种成大事的大将风范。他们不计较一城一地的得失，常得之淡然，失之泰然；他们宽容，总能理解他人，好事也从不独享；他们不较真，总是得饶人处且饶人，利己也利他。所以，人人都喜欢有胸怀的人，和这样的人做朋友，才能获得尊重、信任和公正的利益。

那么如何看这个人是否拥有胸怀，关键看三点：一是平等的待人态度，不自认为高人一等，保持一颗平常心，平视他人，尊重他人；二是宽阔的胸襟，胸怀坦荡，虚怀若谷，闻过则喜，有错就改；三是宽容的美德，能够仁厚待人，容人之过。胸怀，实际上反映了一个人的素养和品性。唯有拥有这样素养和品性的人，才值得深交，常交，远交。

人生是一场华丽的舞会，聪明人往往选择跳探戈，自始至终保持着优雅奔放、进退自如的姿态。有胸怀，有进有退，才能彼此协调，不会踩到对方的脚，也不会让对方踩到自己的脚。否则，舞步只会乱作一团，伤人伤己。

得饶人处且饶人

古时候，有个道士擅长下围棋。每次和别人下棋的时候，他有一个特别的行为，总是让人家先走一步。他曾写过一首诗——烂柯真诀妙通神，一局曾经几度春。自出洞来无敌手，得饶人处且饶人。这就是“得饶人处且饶人”的来历。如今，这句话已经成为人们处理人际关系的至理名言，人人都有犯错误的时候，做事须留有余地，别人一旦犯了错误不要一棍子把人打死，能饶恕的地方就尽量饶恕。这可谓是胸怀广，气量大的重要体现。

古希腊哲学家毕达哥拉斯曾说：“要这样生活：使你的朋友不致成为仇人，而使你的仇人却成为你的朋友。”放开眼界，得饶人处且饶人，以一种大度宽容的方式对待周围的人，即便不能都使其成为朋友，也能避免其站到对立面去。常言道：“多个朋友多条路，少个仇人少堵墙。”人与人之间，还是少结冤家为好，多交朋友。这样人生之路才会走得平坦，顺畅。

生活中经常会遇到自己利益受损的事情，尤其是男人们久经商场，利益纷争更是屡见不鲜。你的订单却被人无故抢走，你的创意被别人偷偷剽窃，你的公司受到他人故意陷害，等等。一旦遭遇此类的事情，更要学会宽容别人，得饶人处且饶人，得理也要让三分。若容不下别人，那么别人也自然容不下你。待人宽厚是一种美德和智慧，古训集《增广贤文》有言：“饶人不是痴汉，痴汉不会饶人。”如此看来，得理饶人并不是别人所说的“窝囊”“懦弱”等，只要不是一味地纵容对方的恶意举动，偶尔宽容一次他人的错误，这表示着一种尊重和理解，是一种有意为之的高尚。当别人知道了你的谅解，体会了你的胸怀，也便更加觉得自责，愿意主动致歉甚至与你结交为挚友。退一万步，即便他人不理解你的宽大，你也是为自己的自尊保存了空间，因为若自己容不下生活，生活也容不下你自己。

宽以待人是门艺术，需要我们在点滴的生活中逐渐磨炼而形成。得饶人处且饶人，掌握了这门艺术，你也许会获得意想不到的收获。

用欣赏的态度广结善缘

曾有一位哲人说过：“一个欣赏别人的人，也会赢得别人的欣赏。”善于欣赏和赞美别人是一种智慧，更是一种胸怀。很多男人由于竞争的原因很少去欣赏别人，或者说主动去赞美别人，看到别人的成绩比自己强心里便酸酸的。这是正常的心理反映，说明你有一种向上前进的动力，但这股酸劲一定要适可而止，否则演变为恶意妒忌甚至是陷害就得不偿失了。

要时刻记住天生我才必有用，每个人都有存在的独特才能，你也有他人所无法比拟的成就和特色，这就是无论是自然界还是社会能相互共存的、微妙的平衡关系。相反，你欣赏了别人，别人也会欣赏你，每个人在内心深处都渴望得到别人的承认和鼓励，没有一件事可以比得上别人的赞美更让人愉悦和幸福的了。赞美能够满足一个人的自尊心和虚荣心，也容易赢得他人对你的尊重。人与人之间不可能没有矛盾，也不可能百分之百的和谐，彼此之间多点欣赏的态度，就能在竞争与共存中求得平衡发展。

甲乙两人在一家公司任职，一次，两人闹了矛盾。一天，甲对另一同事丙说："真是受够了她，每次都发那么大脾气。"丙说："我帮你们处理这件事。"丙抽时间约了乙。之后，当甲遇到乙的时候，果然觉得乙不再那么盛气凌人了，而且还跟甲友好地打招呼，这令甲非常惊讶。甲找到丙表示谢意，并且好奇地问："你是怎么调和的？"丙笑着说："我只是跟她说，有好多人都称赞她，尤其是你，说她又温柔又善良，不光人长得漂亮，脾气也好，人缘也好！如此而已。"

可见，欣赏是一种理解和沟通，促进和谐；欣赏，也是一种激励和引导，帮助他人改进缺点，更健康地成长和进步。

很多时候我们获得不了别人的认可和友谊，是因为我们没有一颗会欣赏的心。没有胸怀放下自我去真心赏识、赞美别人，而只会用挑剔、指责的眼光看待他人，这只能给别人带来更大的怨愤和不满，而且很容易让人与人之间关系恶化。唯有放开你的胸怀去真心夸赞别人，你才能换来别人的真心夸赞，这不仅能让你获得别人的尊重还能广结善缘。

利他，方能利己

将人、己、利、损，排列组合，至少有以下这些选项：

一、毫不利己，专门利人；

二、毫不利人，专门利己；

三、为了利己，不惜损人；

四、只是利己，并不损人；

五、既不利人，也不利己；

六、既不损己，也不损人；

七、利人利己，人己两利；

八、害人害己，人己两害；

九、损了别人，没利自己；

十、毫不利己，专门害人。

可见，利己与利人有很多的可能性。那么，我们应该怎样取舍呢？

按照道德的标准，最高尚的，应该是“毫不利己，专门利人”。这样的人，可惜是极少数。《庄子·天下》就说：“墨子虽独能任，奈天下何!”意思是说，墨子虽然具备这种高尚的品格，一个人可以自己这样做，但不能要求天下人。虽然我们不能要求全天下人都做到毫不利己，专门利人，但一个男人若想拥有一个好人脉，好事业，你必须放大胸怀，学会利他人。因为利他，方能利己。有道是敬人者，人敬之；爱人者，人爱之；损人者，人损之；欺人者，人欺之。作为社会性动物的我们，若想完全利己肯定是行不通的。唯有互相帮助才更有利，帮助别人是帮助自己，最困难的时候才会有人伸出援助之手。我们需要懂得这句话：“利他是利己的最高级。”

然而现在很多人有这样的社会心理，即“他人即地狱”、“各人只扫自家雪，哪管他人瓦上霜”、“事不关己，高高挂起”、“有权不用，过期作废”、“利人者是傻子，利己者是聪明人”、“人不为己，天诛地灭”，这些心态逐渐变成了一种流行的畸形心态。这些“为自己”们一直充斥在我们生活中。但是，无论是哪一种“为自己”，分析其基础，就会发现，这些“为自己”实际上是建立在“为他人”的基础之上的。

每个男人都想要有权有钱，从最简单的有钱人说，你若想成为有钱人，你就必须要为社会、为国家、为他人创造一种价值，并且让社会、国家和他人接受你这种价值，你才能成为有钱人，如商人提供商品、知识分子提供知识产品、科学家提供科研成果、艺术家提供艺术作品等。“有钱人”不是自封的，而必须是他人认可的。

可见，一个男人若想成功，怎样都应该先学会“利他”。利他方能利己，也只有先利他，之后才能利己。

多些理解才能赢得他人心

我们不会与生俱来地拥有人类所需的全部技能，也不会事事精通，这就需要我们拥有广泛的人脉资源。人际关系可以说是一座让人终生受用的富矿，编织关系网，就像开发矿藏，开发得越多，你就越富有；又如播种，你撒下的种子越多，收获也就越多。因此会办事的男人，不仅重视和某个人建立关系，更重视和多数人搞好关系。只有搞好了人际关系，并善于利用人际关系，事情才能办成。

心理学家曾从各个不同的角度做了大量研究，结果都证明：一个人越是理解他人，那么他与人交往就更融洽，越能适应社会，他的工作业绩也就越大。老子曾说过“柔胜刚，弱胜强”，正如以柔克刚的力量，多理解他人就是让自己在行云流水般的自然柔和中施展力量，不知不觉间，已然赢得了他人心。这就是柔和的强大力量。

理解别人是我们每个人应有的做人品德。一般人都有自私的特点，没有胸怀去理解他人，总认为一切都是自己是正确的。然而等我们在社会中处处碰壁才会体会到理解的重要性，才能逐渐减少自私。世界上这么多人，我们不能只顾及个人利益，不能所有人都只对你一个人负责。这是错误的观念，也是不现实的，抱持这种想法生活的人最终在社会上会磕磕绊绊。

有一位牧师和一个酒鬼的交情很不错，他们有空就一起聊天钓鱼。亲友们多次规劝酒鬼戒酒，有的讽刺地说："你的肝不要了吗?"还有的说："嗜酒如命，定会死在这酒上面!"然而无论怎样劝说都没有用。于是便请牧师帮忙，牧师答应了却始终不见他去主动规劝他。

一日，酒鬼到牧师那里去，流着泪说："我儿子刚才对我说，他不喜欢爸爸是一个大酒鬼，因为一身的臭味。你肯帮助我吗?"

牧师笑了，他等这一天等了很久了。在牧师的帮助下，酒鬼终于戒了酒，回到了正常的生活。家人都好奇牧师的办法，他只是说，"有一次我问他，'你为什么不要别人帮助而来求助于我?'他说，'因为只有你从来没有逼过我。'"

将心比心，站在别人的立场上想问题。站在别人的角度设身处地去着想，就可以对对方的利害得失与困难有较为深切的了解，由此再作出自己的决策，使自己的决策不仅有利于自己，也使对方容易接受，可以有效地避免自己的决策在实际运作中损害到对方的利益，从而引起损失。

温和和友善的力量，有时候比暴力更强大。为人处世，也应当把这一法则运用其中。柔和之风比风暴更强大，获得他人的认可不需要剑拔弩张的攻击，只需要保持应有的风范与淡定多去理解他人。柔和的理解和包容是一把无刃剑，瞬间使彪悍的将军丢盔卸甲。这般柔性风范，同样令人肃然起敬。

心宽些，信任赢得诚信

孔子曰："人而无信，不知其可也。大车无輗，小车无軏，其何以行之哉?"意思是说，人与人之间如果失去互信，就好像车子的车辕与车身失去联结，是无法驰行的。人脉之道，大概没有比诚实守信、取信于人更为重要的了。你的言谈举止，时刻不可放弃了这个根本。与人交往时，只要有这个根本存在，只要别人还信任你，其他方面的缺陷或许还有补偿的机会。若失去了这个根本，别人不相信你了，不愿再与你共事，不愿再与你打交道，那么一切都是妄谈。就像是作家怀特曼所说："不信任人，就不能成就事业；不信任人，也不能成为好人。"影响成功的因素很多，但是诚信是必不可少的要素。一个男人若想获得成功，就必须为自己建立起一个诚信大厦。

美国成功学大师奥里森·马登说过："任何人都应该拥有自己良好的信誉，使人们愿意与你深交，都愿意来帮助你。"但是，不少人都有这样的看法，即认为一个人的信誉是建立在金钱基础上的，只要有钱，就有信用。事实是，诚信和金钱并无多大关系，关键还在于一个人的胸怀大不大，心宽不宽，能不能勇敢地自信，能不能坦诚地去信任别人。

诗人爱默生说："你信任人，人家才对你忠实；以伟人的风度待人，人才表现出伟人的风度。"既能心胸宽广地自信，又能大方地信任别人，你才将是一个受欢迎的人，并能在社交和事业上立于不败之地。对于那些不信任自己的人，要勇敢地找他们交谈，坦诚而友好地与他们交流自己的看法，消除心中的误解，达到真正的理解。世界上没有一个人是不能理解的，没有一件事是不能理解的。一旦理解了，你就不会再猜疑，不会再记恨。

诚实守信是成功的关键，但它却是个易碎品，打造起来要花大工夫，毁坏它却不费吹灰之力。所以我们千万不能拿诚信作为试金石，而是要将其作为珍藏品，认真保管和珍藏。

多宽容少报复，朋友才会多

季羡林老先生曾说："人处在家庭和社会中，有时候恐怕需要讲点容忍的。"他说容忍是很大的一个美德。对于那些有意给我们设置障碍的人，我们该如何对待呢？是耿耿于怀，视他们为永远的敌人；还是宽容大度，化干戈为玉帛呢？最明智的做法应该是后者。因为能容忍他人，你才能赢他人，仇恨别人只会给自己的人际交往带来障碍，于己及他人都没有好处。唯有宽容才能让我们原谅他人，释怀自己，在度量中结交更多的朋友。

“一只脚踩扁了紫罗兰，它却把香味留在那脚跟上，这就是宽恕。”安德鲁·马修斯在《宽容之心》中如是说。学会宽容别人，以博大的胸襟包容别人的龃龉、排挤甚至是诬陷，会发现自己的内心如同那只踩扁了紫罗兰的脚，香气四溢。没有人通过报复得到过快乐，爱才是恨最好的解药。学会了原谅，学会了宽容，你才能发现自己那颗心原来是可以包容一切的。

证严法师在《心宽念纯》中说：“想不开是世间最大的苦。别人的批评毁谤也不用生气。话出如‘风’，话讲出来像一阵风，一下子就没有了，为什么毫无重量的一句话，我们的心会被它撞碎呢？是那句话伤自己的心吗？其实是自己伤了自己，所以一切不要太在意。若是经常将别人的话放在心上就是烦恼，人与人之间会结怨连仇。听到有人毁谤自己要赶快反省、想想自己是不是有错；听别人赞叹自己要小心警惕，想想自己的基础是否打稳，要更努力做有利益的事。”我们要学会多体察自己的错误，多原谅他人的过错，任何事情总是一个巴掌拍不响，在反思自己的时候是不是发现自己原来也有过错，然后改正进步，你的人生便超越了，同时你也收获了被你原谅的那个朋友。在社会上立足，男人一定要学会容忍别人，能容多少人你就能赢多少人。如果不宽容而去伤害，只能导致冤冤相报的恶性循环，你又何来的人脉？

当然宽容不是无原则的一种让步，而是对他人的一些非原则性缺点和过失的一种宽容和谅解。宽容是比报复更难做到的事，但一旦你学会了宽容之后，你就会获得一次身心上的升华。

好事不能独自享受

有这样一个小故事：

一位禅师在寺庙的院子里种了一丛菊花，三年后菊花的香气飘满了整个寺院。凡来寺庙的香客都要忍不住赞叹："好美的花儿。"于是有人向禅师要花种在自己的家里。禅师毫不吝惜，而且亲自动手挑选开得最鲜艳、枝叶最粗的几棵派人送到那户人家。

禅师送花的消息马上传开，前来要花的人络绎不绝。禅师并没有拒绝，反而都一一送给了他们。没过几天，院子里曾经美丽的菊花已被送得一棵不剩。一天，僧侣们看到满院的凄凉，叹道："真可惜！这里本应是满院菊香啊。"

但禅师却笑着对弟子说："你们想想，这样换来是什么？三年后，将会是一村菊香！"

禅师还最后说道："我们应该把美好的事与别人一起分享，让每一个人都感受到这种幸福，即使自己一无所有，心里也是幸福的！"

每个人都有自私自利的一面，但是我们要知道，我们在社会中，就是社会性动物，没有谁能够独立生活。人与人之间少不了交往，我们也总有需要别人帮忙的时候。所以，不要吝啬分享，好事更不能独享，否则别人有好事也不会与你分享。

付出是它自己的回报。如果你想要更多的爱、乐趣、尊重、成功或任何东西，方法很简单：分享。先学会与他人分享爱、乐趣、尊重、成功，你才能收获爱、乐趣、尊重、成功。一个人想要维持自己品德的高尚，如果不懂得和别人分享，就只能是孤芳自赏，甚至背上清高与不通事理的骂名。学会将好事分享，才能在我们需要得到好事时候有人与我们分享，分享能给自己一个好人缘和和睦的生活、工作环境。在分享中，我们得到的远比分享的多得多。所以，面对生活中的得失时，我们的目光不要太短浅，心胸不要太狭窄，学会分享，这其实是一项大智若愚的"长远投资"，有利于提升我们的形象，有利于改善我们的人际环境，有利于我们在社会中立足并发展。

气量大，结人缘

古人说："大度集群朋。"我们若能有宽宏的度量，身边便会聚集大群知心朋友。在《三国演义》中，周瑜以其经典名言“既生瑜何生亮”为君子所不齿。原因很简单，他的气量小。面对一个才能和智谋都高过自己的人，他不是去讨教，而是选择了嫉妒和想方设法地与之争斗甚至陷害，这种要不得的心态终究使自己心愿难遂下英年早逝，也失去了诸葛亮这样一位人才。

在纷繁复杂的社会中，我们会遇到各形各色的人，有人待人宽厚、仁慈；有人小肚鸡肠，自私、卑鄙等。每种人都有自己的长处和短处，他们身上都有我们能学到的优点，也有我们接受不了的缺点。不论与谁交往，都不可能要求对方事事都能做到让我们满意。气量大的人，总能取长补短，让自己接触各种各样的人，看到听到不同的生活方式，遍尝各种人生滋味，从而弥补自己的不足之处。气量小的人，往往不能容忍别人比自己优秀的人，也容忍不了和自己存在分歧的人。时间长了，交往的圈子就非常狭小，自己的境界自然就难以提升。

古今中外，凡是能成大事的人都具有一种优秀的品质，那就是大气量。他们总能容人所不能容，忍人所不能忍。这些为人处事上的大气量，让他们拥有了极好的人缘，伴随着好的人际关系他们的事业也是如日中天。

男人若想成大事，都必须有广阔的胸襟。胸怀有多大，人缘就有多厚。因为气量和容人，犹如器之容水，器量大则容水多，器量小则容水少，器漏则上注而下逝，无器者则有水而不容。气量大的人，容人之量、容物之量也大，一个男人若能和各种不同性格、不同脾气的人们都学会相处，兼容并包，听得进批评自己的话，忍辱负重，经得起误会和委屈，那么他又何谈没人帮助，又何谈不能成功?

气量大才能结人缘，感情用事，常常是得不偿失。成功人士的命运之所以这么好，就是因为他们有着不同凡人的大气量。气量大一点，做一些合理的、适当的、理智的让步，会将有助于你更大的成功和进步。

六、男人有胸襟，工作自动自发

敞开心胸，没有卑微的工作

在社会中，有些男人觉得自己能力够强，一心想寻觅一份和自己能力相般配的工作，却屡屡碰壁；有些男人抱怨自己的工作得不到他人的重视，或者工作是多么琐碎，多么微不足道，无法给自己带来金钱，更无法实现自己所谓的人生价值。他们痛苦、难过，有的人跳了槽，依然过得不快乐；有的人自主创业，也是屡败屡战，屡战屡败。

曾经有这样一个经典故事：

两个年轻人一同寻找工作，一个是英国人，一个是犹太人。

一枚硬币躺在地上，英国青年看也不看地走了过去，犹太青年却激动地将它捡起。

英国青年对犹太青年的举动露出鄙夷之色：一枚硬币也捡，真没出息!

犹太青年望着远去的英国青年心生感慨：让钱白白地从身边溜走，真没出息!

两个人同时走进一家公司。公司很小，工作很累，工资也低，英国青年不屑一顾地走了，而犹太青年却高兴地留了下来。

几年后，两人在街上相遇，犹太青年已成了老板，而英国青年还在寻找工作。

很多男人胸怀伟大抱负，却看不起一份工资低、公司平台小，或者是他们所谓“地位卑贱”的工作，他们认为自己伟大的人生价值不可能在那里实现，唯有那些办公楼表面光鲜靓丽，坐在宽敞的办公桌前喝着名牌咖啡的工作才是符合自己身份且与自己的人生价值相匹配的。其实那些看不起自己工作的人，实际上是人生的懦夫。古罗马斯多葛派哲学家们曾经说过：没有卑微的工作，只有卑微的工作态度。如果一个人轻视他自己的工作，那么他就会将自己的工作做得一团糟。因为一个不热爱自己岗位的人，如何尽职尽责去努力？而且在这一工作岗位上，他也无法发挥他内在的特长。

这个世界上没有卑微的工作，只有卑微的心灵。其实任何一种工作都有它存在的价值，每一份工作都是一座宝藏，总能给你带来不同的工作经验和人生体验。也许一份看似“卑微”的工作曾让你讨厌，然而当你有一天你在其中获得了经验，甚至获得成功的灵感时，你就会明白，没有一份工作是令人讨厌的，它们总会或多或少地教会你一些技术上或者是为人处事上的技巧。工作本就没有高低贵贱之分，都应该敞开你的胸怀去用心善待，因为它也许就是你未来腾飞的起点。

如果错了，就愉快地改变自己

世界并不完美，人生当有不足，没有一个人是完美无缺的。对于每个人来讲，不完美是客观存在的，无需怨天尤人，也不用自弃自馁。智者即使再优秀也有缺点，愚者再愚蠢也有优点。学会理性地面对自己的缺点和过错，如果在工作中犯了错误就应该愉快地接受，不以放大镜去看缺点，更不要自命清高忽视自己的缺点和错误。

然而人们往往有一个特点，总是趋向于保护自我，相信自我，信赖自己的感觉，这既是一个优点也是一个弱点。如果一个人总是将自己抓得紧紧的，完全凭自己的经验行事，那么工作中肯定错误百出。所谓当局者迷，旁观者清。很多时候我们自己很难看清自己的错误，“只缘身在此山中”，自我早已局限了自己。俗语有云，作茧自缚。那些不听从别人规劝的人常常像蚕蛹一样，忙不迭地为自己编织一个精致难破的茧。最终无非是庸人自扰，自寻烦恼；愚人自缚，自绑天足。所以，如果同事或者领导向我们提出批评和建议，不要总是自以为是，觉得自己做的都是对的，“我”不知道的世界还很大，“我”体悟不到的东西还很多，不能处处以“我”为中心。一定要学会静下心来思索分析别人说的，自己若真的是行驶在错误的道路上，那么请愉快地悬崖勒马停止自我的一路狂奔，这些对于工作非常重要。即使对方的态度非常恶劣，如果自己的确是错了，我们也应该愉快坦然地去改变错误。

罗马皇帝马可·奥勒留在《沉思录》中曾告诉我们，那些保留错误的人会因此受到伤害。如果有人指出我们的错误，我们一定要敞开胸怀去认真聆听，仔细地思考别人的建议是否正确，如果是正确的话我们就得赶紧掉头，不要固执地一条道走到黑。切忌小肚鸡肠、封闭自负，这样很容易把自己变成一只只能看到巴掌大天空的井底之蛙。

一个人的胸襟决定了一个人的成就，只有放开心胸，能把别人的意见与自己的观点兼收并蓄的人才能成就大的事业。只会过度偏执，钻牛角尖，不能理智地分析、采纳别人的意见的男人，永远只能被别人领导和批评。

为公司赢利，就是替自己加薪

很多男人觉得工作不过是自己为了薪水，为了面包，为了生存，为了养家糊口而不得不做的一份差事，若有另外一份选择，很多人都不愿意工作。持着这种态度工作的人，对公司也是没有丝毫感情而言，更不用说主动工作，自动自发了。

其实，公司是我们成长和发展的平台，它满足了我们对于吃、穿、住、行的基本需求，还为我们的精神生活增加了色彩，让一个人的生命变得富有意义。每个人一生中都有三分之一的时间用在工作上，它也是我们挥洒青春、奉献智慧的地方，我们在这个平台上默默成长，默默地实现自我价值，增长着阅历，丰富着自我。这不仅仅是用薪酬支配着自己行动的地方，更应该是我们生命参与而留下的痕迹。

因此，我们不应该用这个狭隘的心胸和狭窄的眼界去看待公司，看待工作，我们应该学会放开胸怀去感恩企业，感恩工作。感谢企业培养我们，感谢企业让我们成长，感谢企业给予我们一片展示自我的天地。感谢工作让我们不再无聊，感谢工作使得我们不再贫穷甚至堕落，感谢工作让自己的世界变得更加丰富多彩。

只要我们拓宽了自己的心胸，我们就会将自己的工作态度瞬间转变。由那个只为薪水、面包、生存而工作的消极自我转化为忠诚企业自动自发为公司盈利的积极自我。因为我们知道，为公司盈利就是在为自己加薪。

钱钟书在《论快乐》中说，“洗一个澡，看一朵花，吃一顿饭，假使你觉得快活，并非全因为澡洗得干净，花开得好，或者菜合你的口味，主要因为你心上没有挂碍，轻松的灵魂可以专注肉体的感觉，来欣赏，来审定。要是你精神不痛快，像将离别时的筵席，随它怎样烹调得好，吃来只是土气息、泥滋味。”

是的，一个人的工作是一种“祝福”还是疲于应对的“吃饭工具”，都在于自己用怎样的思维和态度来看待它。心胸宽了，工作是快乐的源泉；心胸窄了，工作是每天八小时的折磨。开阔心胸，你才能为公司也为自己创造出更大的价值。

做不抱怨的男人

有胸襟的男人都是很少抱怨的，他们总是努力去做一切自己能力之内的事情，能力之外的他们也会坦然面对。因为他们知道抱怨如同诅咒，越抱怨越退步。

胸怀小的男人正好相反，他们是公司里的“牢骚族”或“抱怨族”。他们每天想的事情不是如何提升自己的业绩，而是轮流把“枪口”指向公司里的任何一个角落，埋怨这个、批评那个，而且从上到下；他们每天做的事情不是提高技能学习成长，而是处处盯着公司不好的地方，然后四处挑毛病。

开始的时候，他们本来只是想发泄一下，但后来却一发而不可收拾，越抱怨自己越认真。使得他们自己也越来越相信，自己完全是遭受别人践踏的牺牲品，自己在这个“垃圾公司”是没办法待下去了。不停抱怨的“牢骚族”，他们的抱怨只会妨碍和干扰自己的阵脚，终究受害最大的还是自己。

就像行走在沙漠里的两个人同时看见一个苹果一样，一个人会说：“唉，只有一个苹果了，接下来可怎么办?”而另一个则说：“啊，还有一个苹果呢！我们又可以坚持一段时间了。”这就是对待事物的不同心态。前者抱怨而悲观，而后者胸怀宽广积极乐观。我们应该要放宽自己的心，就像马可·奥勒留在《沉思录》中劝自己愉快地接受所有发生的事情一样，“如果神灵对于我，对于必须发生于我的事情，都已经作出了决定，那么他们的决定便是恰当的。”接受所有对他发生的事情，所有分配给他的份额，不管它们是什么，就好像它们是从那儿，从他自己所来的地方来的。

在法国一个偏僻的小镇上，有一个据说很灵验的泉水，可以医治百病。有一天，一个少了一条腿，拄着拐杖的退伍军人很吃力地走过镇上的马路，旁边的镇民看到他，不禁说道：“可怜的人啊，难道他想祈求上帝再给他一条腿吗?”恰巧这句话让退伍军人听到了，他对镇民说：“我并不是想祈求上帝再给我一条腿，而是请他帮助我，告诉我在没有了一条腿的情况下，也知道如何生活”。

生活总是现实的。我们应该如这个军人一样，任何时候拒绝抱怨，放宽心祈求未来生活的美好以及积极地为未来的美好生活努力、奋斗，地狱才能变成天堂。

抱怨就好像是一场疾病，优秀者远离它，是因为害怕它会阻碍自己的计划，耽误自己的发展；平庸者渴望它，是因为在病中他们可以适当的偷懒，并且给自己的不努力找到了一个十分恰当的借口，从而减轻了内心的自责。因为这样不同的心理，即使面对同样的处境，优秀者和平庸者也会产生不同的态度。你想做一个优秀者还是想做一名平庸者呢？

奉献是一种高级的快乐

典格范·斯坦说："你希望成为伟人吗？那么从小事开始做起吧！你希望建构一幢巨型高层建筑物吗？那么，首先学会献身吧！无论你日后建造的大厦有多高，都应该建立在此基础之上，根基越深，基础就越牢。献身是一顶美丽的王冠。"著名心理学家阿德勒也说过，奉献乃是生活的真正意义。我们在今日检视我们日常生活的一切物品，我们将会看到什么？那都是祖辈们对人类生活的贡献。一定程度上，奉献塑造了社会的发展。同样，一个企业的发展也离不开员工的奉献。然而很多男人是不愿意奉献的，他们始终觉得自己的付出多可是收获少，老板故意不重视自己、故意不给自己加薪。拥有这样胸怀的男人是干不成大事业的。

优秀的男人心胸宽，眼界远，他们都是乐于奉献的，因为他们明白自己所享用的一切都是别人奉献的结果，要学会报恩。于是，在他们眼中奉献成为一种利他的自觉性，是一种主动自愿的、不计回报的行为。他们在自己的岗位上，兢兢业业，勤勤劳劳，不仅自己内心获得了成就和满足感，而且还找到了人生的意义和价值，奉献成为了他们一种高级的快乐。

在公司里，一个人的胸怀直接决定了他的行为，决定了他对待工作是尽心尽力还是敷衍了事，是安于现状还是积极进取。一个男人胸怀越宽广，决心越大，对工作投入的心血也越多，从工作中所获得的回报也就相应的更为理想。相反心眼越小，处处斤斤计较的男人，决心越小，对工作也总是敷衍了事，走马观花似地随意应付，自然在工作技巧的提升和晋升空间上也就越小。

一味抱怨自己薪水低并不能改变什么，也不能在工作中变得快乐。还不如放开心胸多去为公司奉献，用兢兢业业、尽职尽责的态度去工作，踏踏实实努力提升自己，使自己变得更有竞争力，你才可以成为高薪者。

气量在同事中播下和睦的种子

我们常常可以看到这样的场景：公司里，同事之间为了争项目，争得面红耳赤；日常工作中，有的同事总爱说别人的闲话；同事之间不愿意主动去帮忙，甚至当别人求助时，也不愿意理睬……当气量在同事之间消失时，我们的心也开始变得僵硬了；当我们喜欢上了以小胸怀去解决问题的时候，我们也就失去了理智和爱。

人是天生要合作的，犹如手足、唇齿和眼睑。相互配合，才能让我们的身体完整运转。世界上没有十全十美的人，也没有万能的人，只有合作，我们才能取长补短，才能产生 1+1>2 的效果，减少单干的无限能耗，将工作做到最好。所以一个融洽和睦的同事关系至关重要。

多一些气量，气量是和平的种子，是一种高尚的人格修养，一种“宰相胸襟”，一种成大事的大将风范。有气量的人，很少斤斤计较自己的一得一失，他们的眼光是长远的，总能充分考虑以及照顾到他人的利益，其实收获最大的还是自己。有气量不仅意味着一种超然，更是一种智慧、一种胸襟。

在公司中若我们遇到口蜜腹剑的人，不妨微笑着打哈哈；应付吹牛拍马的人，不要与他为敌，要笑脸相迎和和气气；应付尖酸刻薄的人，保持一定距离即可；应付雄才大略的人，虚心地学习；应付愤世嫉俗的人，睁只眼闭只眼；应付踌躇满志的人，尽量顺着他……影星奥黛丽·赫本曾说过一句话：帮助别人其实就是帮助自己，向人伸出一只手，你会得到一双臂膀的温暖与力量。你的气量大，收获的也必将是别人的大气量。让我们对同事多一些宽容与理解，少一些指责与推诿，多一些和谐与温暖，少一些争吵与冷漠，多一些真诚与团结，少一些欺瞒与涣散……当你微笑而真诚地在公司中说出“谢谢你!”“我来帮你!”等这些话之后，你就已经在别人的心里埋下了和睦的种子，而和睦是比任何物质奖励都宝贵的资源。开心了自己，也开心了他人，同事也会对你刮目相看，你的同事关系也会处得融洽、和谐。

气量，看似只是简单的两个字，若能做好却可以不经意间温暖了整个公司。

逃避就是“受害者”，解决就是“受益者”

每个人都有趋利避害的自我保护意识，当我们在事业奋斗过程中遇到了挫折和困难时，首先想到的都会是逃避，然而逃避只会让自己成为永久的受害者，唯有放开胸怀去解决，我们才能成为受益者。事业的成功总是在无数问题的产生和解决中实现的，客户的投诉、产品的不合格、对手的残酷竞争等等，每一点细小的遭遇，哪怕是遭遇诬蔑、谩骂，只要你能有宽大的胸怀，就能不惧怕反而会警醒，就能不逃避反而能解决，就不会愤怒于别人的侮辱，反而能让问题成为自己奋进的动力、成功的契机。

奥地利作曲家舒伯特说过：“只有那些能安详忍受命运之泰者，才能享受到真正的快乐。”当我们在工作中出现问题的时候，只有勇敢地解决问题，才能成为问题的“受益者”，逃避只会让你成为“受害者”。

世界顶尖的电影巨星史泰龙，父亲是个赌徒，母亲是个酒鬼。他相貌平平，又没有天赋，却一心想做一个出色的演员。找明星、找导演、找制片，一次次地恳求“给我一个机会吧，我一定会演好的！”却一次又一次地被拒绝。然后再度出发，寻找新的机会……他的健身教练哥伦布曾经这样对他做出如此评价：“史泰龙从来不惧怕失败，他的意志、恒心与持久力都令人惊叹。在逆境中，他善于调整自己的情绪，他是一个行动专家，他从来不让自己情绪低落，从不在消极的思想中等待事情发生，他会主动让事情发生。”

他有一个宽阔的心胸，他不惧怕失败，他不逃避，只是努力想办法解决一切问题。这样的心胸，即使在生命僵死之处，也会有清泉涌出。

胸怀宽广的人不怕问题，因为他们知道问题不过是一种磨砺，是对自己的一种考验。任何问题都有解决的方法，只要自己不气馁，不放弃。但若只会逃避，那么问题永远都是“问题”，自己只会成为永远的“受害者”。在任何困难与问题面前，不妨大度一点，多点明亮的心，这样你才能在解决问题中收获经验，在问题中不断进步。

小气的生气不如大度的争气

“他又在背后向上司告我的密！”“他居然跟别的同事讲我坏话！”“你知道吗？他抢了我的客户！真不敢相信，他居然这样阴险！”……公司的事儿，纷繁复杂，也如一个小社会，每天你来我往，看似一张张平和的面孔下，其实都藏着一颗颗“自私”的心。你总是会在工作中觉得委屈、生气，甚至有时候还将其坏情绪带到家里对老婆孩子撒气，这实在不是一个真男人应该做的事情。宽容地讲，抱怨实属人之常情。然而抱怨之所以不可取在于：抱怨等于往自己的鞋里倒水，只会使以后的路更难走。与其自己小气的生气，还不如将怨气转化为志气、化生气为争气，用超然豁达的心态去积极努力奋斗，这样迎来的将是另一番新的景象。

多年前，他还是一位毛头小伙，在一家著名的公司当一名小店员，薪水很低。他刻苦努力，勤于学习，然而还是被经理训斥。经理对他说：“老实说，你这种人根本不配做生意。你还是去当一名工人吧，那种活不需要大脑!”

年轻气盛的他，并没有如其他人一样气得暴跳如雷，而是很淡定地对经理说：“你当然有权将我辞退，但你无法消磨我的意志。我有自己的能力，迟早要开一家比你这大十倍的公司。”

他借着这次受辱的激励，努力上进，几年后，果然有了惊人的成就。

生活中，我们难免遭到冷遇，不必沮丧，不必愤恨，唯有尽全力赢得成功，才是最好的答复与反击。当有人伤害了我们的自尊心，伤害到我们的心灵时，强烈对抗别人不如思考自己什么地方还需要完善。生气并不能为我们带来任何好处，如果遇到点烦心事就生气，还会让我们变得消极，从而失去了对生活的热情。经常生气，也会造成自己怀疑自己的能力，以为自己真的不行。

生活不是用来生气的，小气地生气还不如大度地争气，唯有用实力才能证明自己的价值。人和人都没有改变环境的权利，只有适应环境的努力和拼搏。别去自负地抱怨生活，而是要将抱怨化为抱负，这才是我们需要学习的生存智慧。

胸怀忍耐，甜蜜的果实就来临了

西班牙小说家塞万提斯·萨维德拉曾说：“忍耐是一帖利于所有痛苦的膏药。”忍耐的过程虽然是痛苦的，但果实却是甜蜜的。精英男人总是有胸怀去忍受这一苦痛的过程的，因为他们知道痛苦过了，幸福就来临了。昔日韩信受“胯下之辱”，他忍了，尔后才官拜淮阴侯；司马迁虽受宫刑，但他却表现出了超人的忍耐力，即使经受了生理上与心理上的双重打击，仍然完成了旷世之作《史记》。

敞开胸怀去忍，其实是一种韧性的战斗，是一种永不败北的战斗策略，是战胜人生危难和险恶的有力武器。忍人一时之疑、一时之辱，一方面可脱离被动的局面，同时也是一种对自我意志、毅力的磨炼。唯有心怀大抱负者才能忍，才有胸怀去忍。杜牧之《题乌江为庙诗》对此很有见解，“胜负兵家不所期，包羞忍辱是男儿，江东子弟多豪俊，卷土重来未可知。”此诗是婉转地批评了项羽，这位大英雄如果当时知忍能忍，只要抱定这种信念，忍而后发，卷土重来未必不成。

精英男人们一定要有此忍耐的胸怀，成功前的那份坚持，达到目标前对困难与挫折的最大忍耐等。不要经历过一点点小磨砺，就想着要放弃。在人的一生中，总会遇到各种各样的不如意，工作中也如此。忍耐老板对我们的不重视，那是因为我们还可以提高工作能力；忍耐同事对我们的轻视，那是因为我们的工作经验还可以得到累积；忍耐客户对我们的刁难，那是因为我们的处世技巧还有提升的空间……

职场是公平的，半途而废往往永远难以收获果实，只有多一份耐心与坚持，坚持到最后才能收获甜蜜的果实。

古希腊哲学家柏拉图告诉人们：“要是你无法避免，那你的职责就是忍受。如果你命运里注定需要忍受，那么说自己不能忍受就是犯傻。耐心是一切聪明才智的基础。”没有此胸怀去忍耐，那就是一个十足的傻瓜。要知道忍耐挫折，我们将会收获成功时需要的经验；忍耐压力，我们将会收获成功时需要的承受能力；忍耐平凡的岗位，我们将会收获成功时需要的踏实与认真；忍耐平庸，我们将会收获成功时候需要的经验……

有胸怀忍耐一切你就能收获一切，为什么不放开心胸去忍耐呢？

七、随遇而安，淡定中显自信

追随内心，做你自己

世界上很多人都想过自己的生活，却始终没有能实现。或是因为必须承担父母的责任，或是放不开自己，或是早已失去了追随内心的勇气。看见那些背起背包就能浪迹天涯的人，总会心升一丝丝羡慕，想着倘若自己也能这样潇洒自在地过一些自己本想要过的生活，是不是快乐得多？想完后的结果仍然是坐在办公室里发呆亦或是接着被领导叫去谈谈自己的不认真工作的态度……人生而无奈，总是要背负着太多上路，因为世界上终究不是自己一个人，还有家人，还有亲人，还有那么多为爱的人需要付出的责任，所以我们怕了，不敢了，那些曾经说走就走，说改变就改变的霸气早已在这个复杂的社会中磨灭了。不知道这是不是人生中的不幸？也许我们是幸福的，终究有可牵挂可关怀可让我们负责的爱人们，也许我们是不幸的，在这些可牵挂可关怀可让我们负责中早已失去了自己。可是，就在这幸与不幸中，人生也早已走过了大半生。

有一个牧师问孩子们：“要是世上的好人都是红色的，坏人都是绿色的，那你会是什么颜色的?”一个孩子歪着头，仔细想了好一会儿，然后满脸兴奋地答道：“牧师，我是花色的。”孩子的回答让人灵性一动，若我们自己选择只能是其中一个答案吧，早已失去了自己的那个原原本本的其实是花色的自己。这个世界上每个人都具有双重性，我们既是圣人，又是罪人。我们每个人都是红色和绿色的混合体，既是好人又是坏人，既有自己的一面，又有为他人付出的一面，没有一个完完全全为自己的人。但是我们必须学会追随自己内心的一面，而不要因为那些付出和责任的层面全面丢了自己。

周杰伦有首歌红遍一时，那首《稻香》中“回家吧，回到当初的美好”令多少人感动不已，这个家或许就是找回真正的自己。先学会追随自己的内心做你自己，有了乐观而积极的想法，你才会找到新的人生方向和意义。这不是自我主义，也并非自恋。只不过是认识到自己是一个真正独特而有价值的个体。一个承认自己有价值的人，是不会惧怕失败与挫折的，更不会绝望地否定一切，他会积极地看待一切事物，从而将人性中积极、美好的一面最大限度的释放出来，人生变得愈加美丽、丰盈。

比较，并不能让男人更开心

男人在事业和视野上是更宽、更广的动物，也因此他们活得更累，因为太多功成名就的男人在他们的视野里出现。而他们的野心和抱负愈大，比较就愈多，活得也就愈来愈累。在太多成功的先例前面，总是有些人经常否定自己，“怎么我就做不好”、“人生毫无意义，世界都是属于他们的了”、“我做过的事情总是会失败”、“没有人能帮助我，而他们却总有贵人相助”等等，持这类想法的人，是因为对自己还没有清晰的认识，总爱与别人比较，他们在比较中早已失去了对自己的信任，一个人都不相信自己又何来快乐？

每个人都是上天派来的一个天使，都有着自己独特的美丽与魅力。承认自己，才能释放自己的美丽；承认自己，魅力才能展现。那些总认为自己太差的人，才喜欢与他人比较，因为他们没有自信。而那些自信的人从不屑于与他人进行比较，因为他知道自己什么都不缺。总爱与他人比较的人，心灵的空间早已被挤满了太多的负累，根本无法欣赏自己真正拥有的东西。只要有一样东西，自己没能够得到，便觉得不自在、不开心。其实人生没有完美，无论怎么样努力，无论怎么样拼命，这世界上总有我们得不到的东西。也许你苦心经营得到了想要的事业，可是你却缺少了休息以及和家人团聚的时间；也许你拼命三郎似地得到了晋升的机会，却失去了和女朋友的每一次约会；也许你得到了完美的爱情，却发现你们是一对贫贱夫妻……没有人能拥有世界的全部，每个人所拥有的才构成了整个世界。我们要学会接受自己生活中所谓不完美的地方，用“和自己赛跑，不要和别人比较”的生活态度来面对生活。如果我们愿意放下比较，多一些胸怀，快乐的才是自己。

与其模仿别人不如做更好的自己

一时火热的综艺节目《中国好声音》让每个人都记住了一些面孔，而这些能被我们记住的不是他们惟妙惟肖地模仿了哪一位明星，也不是他们的嗓音多么像某一个大牌的明星，而是他们只是自己，唱出了自己的特色。唯有这些人才能最终突围，并且站在决赛的舞台上。同样身为好莱坞最知名的导演山姆·伍德也曾说，他在启发一些年轻演员时碰到的最头痛的问题就是：让他们保持本色。那些年轻的演员都想成为当时人气最旺的那些明星，总是在刻意模仿，其实“这一套观众已经受够了，”“最安全的做法是：要尽快丢开那些装腔作势的人。”

每个人都是一个特别的自己，都有自己独特的优势，学会发挥自己的长处才能过得快乐且走向真正的成功。布鲁斯·巴顿说过：“只有那些敢于相信自己内心有某种力量能够战胜周围环境的人，才能创造辉煌。”如戏剧大师卓别林在刚开始进入演艺界的时候，导演曾要求卓别林模仿当时非常著名的一个喜剧演员，可是直到卓别林创造出一套自己的表演方法之后才真正开始成名。所以，与其模仿别人不如做更好的自己，找到自己独特的优势，不跟随他人的脚步，不匍匐在他人的脚下前进才能真正的前进。

正如爱默生在他那篇《论自信》的散文里所说的：“在每一个人的教育过程中，他总会在某个时期发现，羡慕就是无知，模仿无异于自杀。不论好坏，他必须保持本色。虽然广大的宇宙之间充满了好的东西，可是除非他耕作那一块给他耕作的土地，否则他绝得不到好的收成。他所有的能力是自然界的一种新能力，除了他之外，没有人知道他能做些什么，而这都是他必须去尝试求取的。”一个不去模仿别人的人，才能发现和挖掘自己的潜能和优势，将眼光投注在自己身上；一个不去模仿别人的人，是一个胸怀宽广的人，他的胸怀一定比海还宽，比天还阔，因为这世界上最难的事情就是接受自己。只要能有胸怀悦纳自我，就一定能有胸怀悦纳世界。

自信养胸怀，请自信地说“我很好”

自信的人多是胸怀宽广的人，他们自信自己，才不会将所有事情都去外求世界，外在的帮助有则更好，无也并不会失望伤心。从小到大，我们听过长辈无数次的教诲要对自己有信心，要自信，这是他们在告诉我们这个世界还是要靠自己才能战胜。有自信，你便可在艰难困苦中坚强走过；有自信，你便可放大胸怀，告诉自己一切都没什么大不了；有自信，你才会心怀希望，跌倒了还能爬起来……

春天里看见柔弱的小草破土而出，歪歪斜斜地扎根在属于它的土壤里，即便风吹雨打它们也不怕，依然挺立；即便遭人践踏，它们还是顽强地生存着。我们看到的是韧性，一种对生命的自信，相信自己能挺过去，看见雨后彩虹，重见蓝天白云。

孔子说：“仁者不忧，智者不惑，勇者不惧。”肖伯纳曾经说过，“有信心的人，可以化渺小为伟大，化平庸为神奇”。能做到不忧、不惑、不惧的男人，内心必然是无比强大和自信的。自信的人才能做到不忧、不惑、不惧，不看重外在世界的纷繁变化，不在意个人利益的得与失，胸怀坦荡自然。自信养胸怀，胸怀滋养更多的自信，所有向上的潜能就在这自信中调动起来了。

男人爱低调，但低调不等于不自信。相反，唯有自信的人才能做到真正的虚怀若谷，低调行事。自信，是撑起男人的骨骼。没有自信，就没有男人味。

人生不必太完美

月亮再美，也有阴晴圆缺；花儿再美，也会凋落；爱情再美，也有痛苦的失恋……世界万事万物本都无完美，没有人能找出一片没有瑕疵的树叶，一份没有任何细菌的食物。人生也如此，没有完美而言，所谓心灵的满足不过是达到了自己心里的渴望，而并不是世界已经达到了让我们觉得完美无缺的地步。完美只是我们自己给自己的心灵设定的一种期限值，达到了便开心起来，达不到就会伤心失望，这与完美并无关系。若一个人真想找到一个世界上完美无缺的东西，那便是庸人自扰罢了。

生命就像是一首高低起伏的乐章，若一直是高亢的高音，亦或一直是低迷的低音，这乐曲都不会动听，正因为这错落有致高低融合才会显得生动而鲜活。每个人的一生不能只是简单的快乐，也不会总是挫折和缺陷，遇到了挫折，战胜它，你便会快乐起来。这一次遇见，一次战胜，人生就这样变得丰富多彩起来。人生的真相是“不如意事十之八九”。何须事事都完美？

其实看透了这人生的真相，告别了追求完美的幻想，开始走在追求完美的路上，这却是人生的一种完美体验。体会失恋的痛苦，憧憬再一次的美丽邂逅；告别升职晋升失败的痛苦，来一次真正的独自旅行；忘记曾经拥有的病痛，开始新的人生启程……人生虽不完美，正因为人生的不圆满，才会促使人不断向上，渴望自身的圆满。不圆满，从某种意义上说，正是一个人灵魂飞升的动力所在。

“我叫约翰，我是一个酒鬼，我不完美，我承认自己对酒精毫无办法，我无法戒酒，我很无能很无助，我需要帮助。”

“你不完美，我不完美，他不完美，我们每个人都不完美，不过没关系，真的没关系。”

简单的两句台词，道出了每个人的心声。每个人都不完美，我们每个人的人生也不会太完美，但我们并不能因此而撕破心肺去苦恼，去喊叫。其实，人生何必完美，不完美真的没关系，只要懂得精进，我们就依然能拥有一切。

不必太在意别人的眼光

素凡石油公司的人事主任保罗·包延登曾经和上万个求职的人面谈过，他写过一本名为《谋职的6种方法》的书，告诉求职者应该注意的一些问题。当被问到来求职的人犯的最大错误是什么，他回答说：“来求职的人所犯的最大错误就是没有保持本色。他们不以真面目示人，不能完全地坦诚，却给你一些他以为你想要的回答。”可是这个做法并不能让面试官记住你，反而给他们造成一种不好的感觉，那就是你这个人虚伪、不真实。因为没有人要伪君子，就像从来没有人愿意收假钞票一样。太在意别人的眼光，以为给了他们所想要的答案就可以征服别人。殊不知，想要征服他人，永远要保持本色。你是你，你成为你自己，才能得到别人的尊重和支持。

在这个世界上，没有任何一个人可以让所有人都满意。跟着他人的眼光来去的人，会逐渐暗淡自己的光彩。生活在别人的眼光里，就会找不到自己的路。

其实，每个人的眼光都有不同。每个人眼中都有一个哈姆雷特，每个人面对不同的事物时候都有自己不同的见解。就像是美学大师朱光潜在谈到我们对于古松的三种态度一样：“比如园里那一棵古松，无论是你是我或是任何人一看到它，都说它是古松。但是你从正面看，我从侧面看，你以幼年人的心境去看，我以中年人的心境去看，这些情境和性格的差异都能影响到所看到的古松的面目。”影响一个人看事物的因素太多，每个人都有自己不同的眼光。这就如同是一个甜麦圈，悲观者看见一个空洞，乐观者却品尝到它甜甜的味道；同是“谁解其中味”的《红楼梦》，有人听到了封建制度的丧钟，有人看见了宝黛的深情，有人悟到了曹雪芹的用心良苦，也有人只津津乐道于故事本身……

人生是一个多棱镜，总是以多角度多维度来反映一个人一个物品的本身，变幻莫测。我们不能按照别人的眼光来生活，胸怀宽一点，不去在意流言蜚语，不去计较他人与自己的与众不同，坚信自己的眼睛、坚信自己的判断、执着自我的感悟，用敏锐的视线去审视这个世界，用心去聆听、抚摸这个多彩的人生，给自己一个富有个性的回答。

缺陷也是另一种美

道格拉斯·马罗区写过一首诗歌：

如果你不能成为山顶的一株松，
就做一丛小树生长在山谷中，
但须是溪边最好的一小丛。
如果你不能成为一棵大树，
就做灌木一丛。
如果你不能成为一丛灌木，就做一片绿草，
让公路上也有几分欢娱。
如果你不能成为一只麝香鹿，就做一条鲈鱼，
但须做湖里最好的一条鱼。

这首诗表达出了一种胸怀，一种淡定中显自信的胸怀。无论上天给我的是什么，我便安之若素做什么，只要活出自己的美丽，人生也早已是另一种乐趣。

可是太多男人会抱怨，“为什么他一生下来就可以拥有百万的财产”，“为什么他不用努力拼搏就可以得到自己想要的职位”，“为什么我天生聋哑，上天对我如此不公”，“为什么老天要夺取我的双腿，我的人生总是这样悲惨”……

缺陷是每个人最忌讳的一个词，每个人都想要完美，没有人喜欢缺陷。可是上天并不完美，也并不会因为我们不想要什么就不给我们什么，生命中总是充满着各种无奈和失望。面对缺陷，很多人伤心难过，让自己变得更加残缺。而有另外一些人，他们重新拾起生活的信心，告别了悲观和失望，开始了与缺陷斗争的日子。他们或者战胜缺陷，或者弥补缺陷，或者享受缺陷，或者三者兼而有之。无论处于哪种人生状态，生命早已华丽丽地改变了他们的模样，让他们变得更加可爱，更加幸福。

张海迪，一个高位截瘫的病人，自学了多种语言，并翻译出大量的作品；霍金，一个永远坐在轮椅上的科学家，他的思想却穿越了宇宙，到达了那神秘莫测的黑洞；史铁生，双腿的残疾让他有了对社会清醒的思考，再大的困难也无法阻挡他向文学道路迈进的步伐……

缺陷在这些人眼中和心中，早已变成为一种升华自我的动力。他们知道，若不能战胜缺陷，也只有被缺陷摧残，宁肯长期遭受它的折磨，还不如放开胸怀与它战斗。要知道，痛苦可以转，缺陷也可以转变为自我的另一种美。就像是蚌因身体上嵌入粒砂，伤口的刺激使它不断分泌物质来疗伤，到了伤口复合，旧伤处就出现一颗晶莹的珍珠一样，只要自己不断加油鼓劲，坚强挺过，任何缺陷也同样会成为我们生命中的“珠宝”。

平常心孕育“最美”

台湾著名作家柏杨先生说：“一个人要想舒舒服服睡个甜蜜的觉，有赖心情平静，心情如果不平静，纵然请牛鼻子老道念咒都没有用。有心事时固睡不着，太高兴也睡不着，过分忧愁时同样也睡不着。”男人从出生起似乎就决定了自己的任务繁重，责任重大，赚钱养家，经营自己之外更要经营好家庭，全家上下的责任都被男人扛在肩上。总说男人的脾气暴躁，压在这么多事情之下，这么重的责任之下，敞开胸怀，想要一颗平常的心实在不易。可是再不易得到，也要想办法去得。在现实世界中，唯有保有一颗平常心，才能保持一种从容的态度，做到佛家所讲的“该吃饭的时候吃饭，该睡觉的时候睡觉”。如果没有一颗平常心，如何能担得起那复杂而繁琐的生活，如何能在婚姻家庭中始终坚定不移，如何能在艰难困苦中仍坚持拼搏……正是平常心，才让男人更有勇气面对一切；也正是平常心，让男人取得了事业和家庭上的成功。

中国古代著名思想家孟子一生中思想不为当世君主所接受，还受到各种中伤，但他为人豁达，只一句“行或使之，止或尼之，行止非人所能也”而已。意思是，我的思想如果可行，那么自然会被推行；如果行不通，我自己也会见势而止。而行得通或行不通则不是人力可以安排的，这需要靠天意了。一颗平常心，让他在任何时候都能处之泰然。

在奥运会上夺得金牌的冠军，接受媒体采访时，说得最多的就是很简单的一句话：保持平常的心态。在高度紧张的竞赛场上，一颗平常心能帮助选手平静心态，唯有心态稳定才能发挥出平常水平甚至是拼出超水平的成绩。

林语堂先生说：“一个强烈的决心，以摄取人生至善至美，一股殷热的欲望，以享乐一身之所有，但倘令命该无福可享，则亦不怨天尤人。”追求成功是人生一大乐趣。倘若失败，也要随遇而安，淡定从容。任何时候“不以物喜，不以己悲”才是人生的最高境界。

男人咀嚼生活，感悟人生，在经历了酸甜苦辣，艰难困苦之后才有一种品位。平常心使人具有大海一样的气度，任凭人生经历了怎么样的狂风暴雨，惊涛骇浪，依然能够平静如昨，以如此胸怀去实践人生，就会无所畏惧。

宽心惜福，一切皆在感激之中

2008 年 5 月 13 日，在汶川大地震发生十余小时后，一位满脸是血的北川男孩——3 岁的郎铮——从废墟中被救出。就在武警官兵准备把他转移到安全地带时，他艰难地举起还能动弹的右手，虚弱而又标准地向8位抬着他的解放军战士敬礼。这一幕感动了很多人，这一永恒的“感恩之美”永远记在了人们的心间。

感恩是人类千年传唱的美德，洋溢着浓浓人性气息，感恩之情经久不衰。英国的塞缪尔·约翰逊博士有一句名言：“感恩是伟大教养的果实，你不会在粗俗的人们中间发现这种品质。”凡是懂得感恩的人，都是胸怀宽广，气度非凡的人，他们在任何时候都会积极向上，宽心惜福，也因此过得幸福和快乐得多。这就如同康德所说：“在晴朗之夜，仰望天空，就会获得一种快乐，这种快乐只有高尚的心灵才能体会得出来。”感恩的人懂得感激他人的好，时时刻刻记住自己生活在被给予的世界里，自然会迸发出一股美好的、善的力量。这种心灵是高尚的、纯粹的，处处充满着温馨和感动，又同时会将这种善的力量传递给他人。

生活充满了各种各样的不如意，意外随时可能发生，没有一颗感恩的心，人们势必都会自弃自馁，过得不幸福。感恩的人不同，他知道任何事情既然发生就有它发生的理由，他们不会去抱怨，而是去接受，去爱护。去珍惜每一刻的时光，他们知道不幸就是幸福的前哨战。总有一天不幸会消失，幸福会随之而来。对生活怀有一颗感恩之心的人，即使遇再大的灾难，也能熬过去。没有一颗感恩的心，又怎么会有如此的宽心？

感恩是爱的根源，也是快乐的源泉。如果我们对生命中所拥有的一切能心存感激，便能体会到人生的快乐、人间的温暖以及人生的价值。

八、男人多一分宽容，女人多十分安全感

爱到极致是宽容

张小娴曾说：“爱里面包含了很多的悲哀和伤痕，还包含了埋怨、妒忌和轻视。”爱情从来都不是完美的，不会如我们想象中一般模样，尤其是走进婚姻生活后。爱情其实就像一个人，它有自己的优点，也自有缺陷。可是恋爱中的人往往容易犯一个错误，那就是能接受刚开始谈恋爱时候的那个他，却不能接受恋爱很久后的他。对当初陷入爱河的人来说，另一个人的样子永远是让自己那么欢喜。可经过一段时间的相处后，那个人的面目似乎变了。你开始了埋怨、怀疑、轻视，感情亮起了红灯。其实，不是那个曾爱的人变了，而是你

自己。当你刚开始喜欢一个人时，其实你包容了许多事情。可以说那时候其实你包容的并不是那个人，而是爱情这件事。初涉爱河，一切都是那么美，你早已忘记了她还有这样那样的小脾气，小缺点，在你眼中无理取闹是可爱，小脾气是撒娇。然而，当时间漫步，激情褪去，你不再想包容她的时候，你会把她所有的缺点和坏习惯放大、放大、再放大，大到罪无可恕的地步。

这正是考验爱情的时候，学会了宽容，爱就继续。不会宽容，爱只会让双方陷入疲惫状态，最终解散而告终。

张小娴也曾在《我想宽恕他》中说道："当我们宽恕别人的时候，我们反而能得真正的快乐。"一个人不会宽容，永远得不到真爱。也许你还会换人，但是你终会发现，没有完美的爱情。你以为你重新起航了，告别了那个小脾气、小缺点的人，其实另一个开始也会上演同样的剧情。这是因为人本质上就不是完美无缺的，跟哪个人过活，都要学会宽容才能快乐。

而那些能在爱情中享受快乐的人，他们却总是懂得宽容的。

也许你会怪她太敏感，没事爱翻你手机；也许你会怪她不懂事，忙着加班时候总是打电话催你快点回家；也许你会怪她不体贴，不能体会你的辛劳，还总唠叨你的懒惰……

可是你要知道，这一切都出于爱。女人总是细腻，而且敏感。学会宽容，多一点宽容，女人感受到的是多一分疼爱。你给的是宽容，而女人感受到的是安全感。不要等分开了，你才会记起，原来这个人，也有许多的好。学会宽容，因为宽恕的本身，除了减轻对方的痛苦之外，事实上，也是在升华自己。

宽容她的缺陷，让她更爱你

有一位先生娶了一个体态婀娜、面貌娟秀的太太，柳眉、凤眼、樱桃小口、瓜子脸蛋，而且性格温和。然而美中不足的是，这位太太长了个酒糟鼻子。就像一件原本足以称傲于世间的艺术精品，却少雕刻了几刀，显得非常突兀、怪异。太太知道自己的鼻子丑陋，所以很少跟着先生外出，更不会主动提出与他一起参加宴会等。可是先生却一直在鼓励她，暗示她他不介意，他愿意陪着她一起出去参加活动，并且总是对她说:“我觉得这样很美啊，‘特别’的美!”太太听到这些总会笑，渐渐地也产生了自信，开始与丈夫一起外出，他们过得很幸福。

张爱玲说：“恋爱的定义之一，我想是夸张一个异性与其他一切异性的分别。”在爱人的眼里，她已经不再是那个原本的她，尤其是在爱火刚燃起的时候，你早已为她设置了一个新形象。你在见到她之前幻想过无数次的梦中情人的形象：她应该是长长的头发，有着甜甜的笑容，温柔的性格，会浪漫懂情调等等。起初，你觉得她也是符合你的形象的，你觉得你爱上的是如此特别的一个人。谁都没有她大方、温柔，谁都没有她的可爱、美丽，殊不知，这些夸张过了的特点最终会消失在柴米油盐的生活中。你觉得她不再是那么温柔，甚至谈不上温柔，觉得她没那么可爱，甚至总啰嗦的样子让人厌烦……

我们的人生里，没有一个十全十美的人，这是一种人生规律。有些男人总是在追求寻找一个完美的女人，其实他们才是最可怜的人，因为他们是在追求不完美中的完美，而这种完美，根本不存在。更何况完美的标准是相对而言的，因人的审美观不同而不同，今天以胖为美，明天就可能以瘦为美。古人以脚小为美，如果今天有“三寸金莲”走在大街上，路人肯定会笑掉大牙。所以，爱情中男人一定要学会宽容，宽容女人的某些缺陷，宽容她的大鼻子，宽容她的大大咧咧，宽容她的平胸，宽容她的个子矮……因为这些都不足以影响你们之间的爱情，也不应该影响你们之间的爱情。就像是那缺角的月亮虽然没有耀眼的光辉，但却同样可以把清柔的光芒撒满人间。世上没有十全十美的事情，有时候缺陷也可以成为一种美，仍可以放射出光彩。

多肯定她，给她自信，相信她会比之前更爱你一千倍一万倍。

大方地承认并接受你们的差异

约翰·格雷在风靡全球的著作《男人来自火星，女人来自金星》中说："人与人之间存在很大的差异。只有意识到这一点，我们才能建立起一种积极向上、和谐温暖的人际关系。"可惜的是很多男人总是意识不到这一点，即便意识到了也不会大方地承认、接受，他们总是在以自己的意志来要求或者揣度女人，最终导致了爱的解体。

有一个传说，当初上帝造人之后，一看造出的东西两边都是两张脸、四只耳朵，四只眼睛，两个身体都往前，又弄不开，于是上帝下意识地拿起刀从中间劈下去，从此，一边是男人，一边是女人。分开后的这对男女依依不舍，再次相拥相抱起来，但没多久又互相开始争吵。上帝见到此情景便笑了，说道："你们看，这就是人类，这就是男人和女人，他们既统一又对立，既矛盾又和谐，既有彼此融合的一面，又有各自独立的一面。"

男人和女人本身就是不同的物种，从表面上看，性别、外部形态、乃至着装打扮都截然不同，再从深层次看，行为模式、思维模式更是大相径庭。男人偏重于理性思维，女人则偏重于感性思维。所以女人一旦生气就开始大吼大叫，而男人却多选择沉默是金。

小说《飘》中的斯嘉丽，爱情之路颇为坎坷，两个爱的男人都与她擦肩而过，最终都被她错失了。小说作者米切尔曾这样说她：因为斯嘉丽不了解。“总之，她对于他们两个始终都不曾了解，因而她把他们两个统统失掉了。现在她才仿佛有点儿明白：假如她曾经了解阿希礼，她就始终不会爱他；假如她曾经了解瑞德，她也就始终不会失掉他。于是她不免疑惑起来，究竟自己对于世界上的男人有没有一个是真正了解的呢？”

其实，每一个幸福的婚姻，两个人都应该彼此了解对方才可以幸福，了解对方的家庭、脾气、性格、价值观等，尤其是价值观，若两个人价值观不同，很难维持一段幸福的婚姻。可是令人悲伤的是，当我们与一个女孩陷入爱河的时候，很难将关注点放在这里，激情和浪漫早已冲破了双方的差异，往往强调彼此的共同点。直到进入琐碎的婚姻生活中，才恍然大悟“那时候要是多了解一下她该多好啊！”可是已经为时已晚。

当然男女之间的差异并不可怕，只要你能够大方地承认和接受。早点为你和她的这种差异性做准备，以便于在行为上作为指导，这可以帮助你促进你和她的感情，弥合不足之处，取长补短。

在争论到来时，及时“刹车”

林语堂先生在《吾爱吾家》中说：“家庭的温暖，必须建筑在彼此谅解、互相慰藉的基础之上，否则，一切都是虚伪做作，一阵轻微的震动，就能使整个倒塌了。”地狱中的魔鬼所发明的种种毁灭爱情的利器中，吵闹恐怕是最令人生畏的一种。而步入婚姻的人们，尤其要提防它。男人与女人相爱源于爱，因爱而聚。家便是两个人的爱的聚合体，是一个感情的港湾，若每天总是争吵不断，爱断了，整个家也就倒塌了。

但是那些跨入婚姻殿堂的男人们总有些不能如愿，他们难免与女人发生争吵。当然，每天柴米油盐过日子，难免勺子碰到锅盖的时候，矛盾和误解在任何一对真心相爱的两人面前都是必不可少的。也许因为过于在乎对方，才会强制对方为自己改变一点或者因为我爱你，我就想让你变成我希望的样子。那么在这个改变的过程中，争吵总是避免不了。其实女人和男人争吵多半是因为你没有给她那么多的爱和安全感，就像张小娴所说：“女人到底想要什么？答案还不简单吗？无论她看起来想要什么，她想要的终归只有两样东西：很多的爱和很多的安全感。”她们的目的不是争吵，只是想引起你的注意，得到你的体谅和理解，然后再去拥抱她，仅此而已。若一个男人在争吵时，想的是如何反驳她，做的是唇枪舌战去争辩，那么女人的争论气焰只会燃烧得更旺。

据说，俄国大文豪托尔斯泰的夫人在临死前曾向女儿忏悔说：“你父亲的去世，是我的过错。”她的女儿们没有回答，而是失声痛哭起来。

在1910年10月的一个大雪纷飞的夜晚，托尔斯泰因为忍受不了家庭的痛苦逃出了家门——逃向酷寒、黑暗，不知去向。11天后，托尔斯泰患肺炎，倒在一个车站里。他临死前的请求是，不允许他的妻子来看他。这是托尔斯泰夫人抱怨、吵闹和歇斯底里所付出的代价。

这个世界上绝不存在不争吵的爱情。即便是有，那么结果会怎样呢？一方面，她会觉得你根本不在乎他，一方面她也觉得没必要在乎你，这样的婚姻也是形同虚设，在一起完全失去了婚姻本来的意义。

婚姻是舒服着的烦恼。家庭不是讲理的地方，夫妻之道“难得糊涂。”倘若两个人谁都不愿大度一点，这个家庭永无宁日。所以在争论到来时，男人不妨大度一点，先及时刹车，给她一个拥抱，给她一个吻，她便如小鸟一般依偎在你怀里了。

先学会自我反省吧

星云大师曾说：“每个人都生活在内外两个世界中，也具有向外发现和向内发现的两种能力。向外是一个无比辽阔、精彩绝伦的世界，向内则是一个无比深邃、亟待挖掘的天地。观察外部世界需要一双明亮的眼睛，探究内心的天地则需要清醒的头脑和善于反省的意识。”然而很多男人并没有做到自我反省，或者说是缺少了自我反省的意识。他们总会责怪女人唠叨，却没有反省自己为什么她们会这样唠叨，是什么引起了她们这样的唠叨。没有一个女人是愿意每天像妈妈一样唠叨男人你需要剪头发了，你需要换衣服了，你需要帮我收拾一下家务……是因为男人没有做到，女人才变得唠叨。

他们总会责怪女人为什么总是埋怨自己不浪漫，却没有反省自己是否做到了对女人的浪漫。每个女人都是天生浪漫的，她们希望得到自己爱的人的关心与关注，偶尔一次送她一朵花，偶尔一次对她认真地说一句“我爱你”，偶尔给她一些小礼物。自然女人在意的不是礼物，在意的不是礼物是否贵重，而是男人的那份在意和疼爱。

他们总会责怪女人每天喊着没有安全感，却没有反省自己是否真的做到了让女人踏踏实实。每天坐在电脑前沉浸于自己的事情，却从未回头看看正在为你洗衣做饭的妻子；每天总会以工作忙为借口，从未抽出一分钟的时间给妻子打个电话；每天总是说自己很累很累，却从未关心过妻子也一样过着工作家庭的两点一线生活，她们并没有比男人少付出，甚至她们付出的更多。

男人没有注意到女人的付出和改变，却一味地在埋怨女人总喊“没有安全感”，总喊“缺少爱”，是因为你没做到，没让她感觉到足够的安全感，没让她感觉到足够多的爱，所以女人才会抱怨。

佛家提倡自省自悟之道，自省就在于不断地反省自我，善于承担生命给你的那一份责任。男人应该拥有足够宽广的胸怀，要常发惭愧心，要肯认错，要懂得感恩。否则一个眼睛只看到别人的缺点，却看不到自己的缺点；嘴巴只讲别人的过失，却从不检讨自己的男人，又何谈知错能改呢？先学会放开胸怀自我反省，唯有这样，女人才知道你给她的原来是那么多，你对她原来是那么好，因为你肯从她的角度出发去体谅、去理解，这已足够。

因为懂得，所以慈悲

如果说，爱情是一生要去弄懂的话题。那么不要爱上一个不爱你的人，一定是少不了的一堂课。但是很多男人却总是耐不住走进这样一个尴尬的局面，将自己陷在困境里，不可自拔。

欢天喜地地爱上了一个人，花尽一切的心思来打扮自己，身上一切，看似不经意，却是苦心经营，希望她快乐。

每次约会之前，总是花上很多时间选衣服，即便那是自己最不愿意做的事情。可是为了给她最美好的印象，还是会揪住最好的哥们去逛街。新买的衣服，要首先穿给她看，如果先穿给别人看，会觉得那样对她不公平，因为她应该得到最好的，她应该首先看到你最帅的一面。

爱人的滋味是美妙的，只有沉浸在爱情里的人才能明白和知晓。那份欣喜若狂，那份迫不及待，那份激情快乐，个中滋味唯有自己知道。

张小娴说：“爱他的心，只有自己明白。”男人若爱起一个女孩来，原也如同女人一般，失去了些许阳刚之气，多了许多温柔之感。他们也会默默地为她装扮，为她苦思冥想浪漫点子，为她苦恼她走过去没有看他的那一眼，为她难过她的难过……好像一个男儿竟这般细腻和敏感了。

如果有幸，你终于有一个机会同她在一起，坐在一张桌子上，看同一本相同的书，搭乘同一班公交车，你的欣喜都是那般大。但，她若不爱你，这一切就都是你自己的秘密了，而且是有些苦涩的秘密。可是你不怕，你知道爱其实是一个人的事，我爱你，只和自己有关系。因为我懂得你的悲，懂得你的喜，所以才这般慈悲地望着你，即便你的眼睛从未停留在我身上半刻。可是我还是愿意，今生这样恋过一个女子，为她魂牵梦绕，为她伤心难过，经历过，已足够。

默然相爱，寂静欢喜

“你见或者不见我，我就在那里，不悲不喜。

你念 或者不念我，情就在那里，不来不去。

你爱 或者不爱我，爱就在那里，不增不减。

你跟 或者不跟我，我的手就在你手里，不舍不弃。

来我的怀里，或者让我住进你心里。

默然相爱，寂静欢喜。”

六世达赖喇嘛仓央嘉措写过这样一首让每个爱的人的心为之一震的美丽情歌。爱不过是求一个默然相爱，寂静欢喜，即便你没有爱过我，可是我对你的爱还在那里，不增不减；即便我们曾相爱又别离，情还是在那里，不来不去。那样一份宽阔的心胸早已告别了自私，没有小我的欲望，只是爱，就是爱，别无其他。

黑格尔曾经说过，任何人都要死，自然的死亡是一种绝对的法律，但这是自然对人所执行的法律。如果说，有一种感情能成为死亡的克星，那这种感情无疑是爱情，因为爱情若告别了自私自利，绝对不会背叛你，不会抛弃你，在人生的列车上，它时刻都在陪伴着你。那些在失恋时或者遭遇背叛时恨透了爱情的人，只是他们不了解爱情，没有真正的爱过，他们只是恨透了自己，不是爱情本身。他们心胸狭窄，心境低俗，只是单纯地认为爱就应该在一起，认为爱就要轰轰烈烈，爱就该是自己所想象的样子，其实这都是自己给爱情画上的颜色。爱情本是纯洁的如同一张白纸，简简单单，干干净净，绝无其他。你若想求得一份不离不弃的爱情，首先你要释放你自己，告别那个自私自利的自我，告别那个每天欲望膨胀的自我，告别我想要爱情怎样怎样的自我，只是简单地去爱，去爱她，给她本身完整的自己，没有强迫，没有压力，没有苛刻，你们彼此都是完整的一个人，有双方一定的自由，然后认真地去爱，去疼对方，这才是真正的爱来临了。

问世间情为何物？没人说得清，但若想拥有默然相爱寂静欢喜，总要放开心胸，让你属于你自己，让她属于她自己，爱才能欢喜，偷偷地幸福。

少点“我”，多点“爱”

张小娴在作品《三月里的幸福饼》中说：“我们都太爱自己了，两个太爱自己的人，是没法长相厮守的。当我们顿悟了自己的自私，在以后的日子里，也只能够爱另一个人爱得好点。”我曾想与你策马奔腾，走遍天涯，却无奈最终与你分离，这不是我本意，留下的，散落的是我们何时都能想起对方的那一抹微笑。随着时间，那一抹微笑也越来越淡，越来越淡，我们那么甜那么美那么相信那么疯那么热烈的曾经，也只能奔向各自的幸福和遗憾中老去。

爱原本是不应该与自私对话的，可现实中你们之间的爱情掺杂着太多的“我”——“我”要你每天对我说“我爱你”、“我”要你不管有没有时间都要陪着我、“我”要你在我难过的时候，即使不说话也要懂我……爱情中的“我”真的太多了，多到只有了“我”，却没了爱。

美国心灵大师戴尔·卡耐基曾在《人性的弱点》中写过一

篇文章，文章的题目是“爱——就让他自在的生活”，文章中娓娓道来了爱情的真言——少点“我”，就多点“爱”。她并不完美，还是一个寡妇，可是无论她在众人面前，所表现的是如何的愚蠢、笨拙，他从来不批评她。如果有人嘲笑她时，他立即为她强烈的辩护。而她从不让自己所想到的，跟丈夫的意见对峙、相反。凡是他努力去做的事，她决不相信他是会失败的。他们彼此给了对方完整的一个自己，不强加，不自私，却能默然相爱到终老。

爱要单纯，真正的爱不应该添加更多的欲望。爱就是爱，你与爱产生冲突，无非是你选择了爱自己。你执着于自己的感受耿耿于怀，你已经忘记了爱原本的面貌——爱她，你爱的是你自己。太爱自己，都是爱情里的傻瓜。因为你还不懂得如何爱自己，因为自私的结果往往是两败俱伤，她痛苦，你也不快乐。真正的爱自己，恰是真诚地去爱别人，只是别丢弃自己。

你要想拥有一段快乐的爱情，你需要做的就是别让自己陷入“我”的陷阱里，让自私变为大度，去包容，去理解，否则，改变了原来的她，你能确定你还会爱她吗?

与其相濡以沫，不如相忘于江湖

她问：“你会爱我多久?”他答：“这一辈子。”她以为他绝不负她，他也以为她绝对没有背叛，以为幸福的爱情会终其一生。可结局往往是，女人哭了，男人沉默了。

张小娴说：“我曾经想令你快乐，无奈最后却令你痛苦，并非我愿意。”她总爱相信承诺，他总是豪言壮志地在她需要的时候给她。殊不知，最后发现，没有相濡以沫，却相忘于江湖了。

他和她没弄明白，曾经誓言、甜蜜，耳鬓厮磨。如今不甘、报复，诅咒。若纠缠下去，恐怕也只能是两败俱伤。结束一段痛苦的感情，谁先说再见，谁的灵魂就会先得到救赎。这其中的道理苏格拉底剖析得最为彻底，他说如果你能给他带来幸福，他是不会从你的生活中离开的，要知道，没有人会逃避幸福。是的，分手是为了减轻我们的痛苦而已。当两个人在一起已经没有快乐而言，只剩下纠缠，大抵这样的爱着的两个人也是太累了，何不放手？要知道爱一个人并不是非要拥有，拥有了也不一定能快乐，若大度地放手，给对方一个自由，解放了她，也是解放了自己。

而且人性中有一个怪象，最让人挂怀的永远是得不到和已失去，所以不用担心那个人早已忘记了你，忘记了你们的爱，只是她藏在了心底。这种不见面的思念或者是想念谁说又不是一种快乐？

爱，从来都是千回百转的事情。既然我们决定不了它，又何不学会掌控自己？能与爱的人相濡以沫，白头到老，自然是人间美事儿，但若得不到且不可强得，相忘于江湖也是一种幸福。关于这点，张小娴有一种理性和超然的态度。她说：“两个人在一起是为了快乐，分手是为了减轻痛苦，你无法再令我快乐，我也唯有离开，我离开的时候，也很痛苦，只是，你肯定比我痛苦，因为我首先说再见，首先追求快乐的是我。”

学会大方地接受爱的离去，就像曾经快乐无比地接受爱的开始。没有什么能失去，只要你的胸怀更宽广，爱永远都在。

九、把责任放在心上，才能担起一个家

在外大丈夫，在家小男人

无论是大丈夫，还是小男人，都有各自的优点，居家生活小男人。大丈夫行走江湖，敢想敢干，一言九鼎，能屈能伸，方能成功；小男人居家生活，料理家务，细心体贴，谨小慎微，家庭和睦。但是，这两种人又有各自的缺点，大丈夫大男子主义，脾气大，不拘小节，容易上伤害女人；小男人脾气小，吹毛求疵，爱争风吃醋，所以，一个真正意义上的好男人，应该是出门在外大丈夫，居家生活小男人那种类型的。

有一个朋友，是一个公司的老总，在所有朋友眼中，他都是一个强势的人，说话一言九鼎，办事雷厉风行，对待下属奖惩分明，绝不姑息纵容；对待朋友，他也很讲义气，宁肯自己吃亏，也不会让朋友受损。一直认为这样一个人的婚姻应该不是很幸福，因为他表现得太强势了，哪个女人能受得了他？但是，令人惊讶地是这个朋友婚姻一直很美满，他的爱人温柔漂亮，举止端庄，对他也是一心一意，他们在一起生活十几年，从未见过他们吵嘴，每一次见到他们都是说说笑笑，两个人总是像新婚一样大手拉着小手。我感到很疑惑，这疑惑在我去了一次他家以后，解开了。

那次去他家做客，进到他的家里，发现他正在干家务，虽然他们的房子很大，但是房间还很整洁，桌子光亮，一尘不染。他小心翼翼地为我换上拖鞋，给我倒了一杯茶水。我看着他明亮整洁的家，问他是不是雇了佣人？他说没有，都是他自己打扫的，他的爱人工作特殊，不经常在家，所以，所有的家务活都是他来做。“我还会烧菜呢，”他笑着对我说。我也笑了，问他：“一个堂堂的老板，干这些活，就不觉得尴尬吗?”

他简单地回答了我一句话：“我是个老板，但我还是个丈夫。”

听到这句话以后，我对他肃然起敬，我终于知道，为什么他的事业能做得那么大了，一个真正的男人，是一个能屈能伸，懂得生活的男人，一个真正的男人出门在外也许表现得很强势，是个不折不扣的大丈夫；但是在家里，他马上变成了一个小男人，一个女人的丈夫，一个家庭的男主人，他不会把工作中的情绪带入生活中，也不会把生活中的情绪带入工作中，这就是男人，一个顶天立地的男人。

我是你的依靠

她只是不小心地打了个喷嚏，他递给她一条暖暖的毛毯，告诉她："别着凉。"女人最幸福的事情无非是嫁给了一个可以让她依靠的男人，他能给她想要的照顾和疼爱，让她心底总是暖暖的。

女人一天比一天衰老，可是身边的男人还是一如既往地呵护她，他不在意你脸上日久爬上的皱纹，不在意你越来越臃肿的身材，他只是那样淡淡地看着你微笑，然后自己也笑；

她的脾气不好，工作中和生活中的烦心事总会惹她烦闷，每次回到家她总是那样霸道，而他总是沉默忍耐，哄她微笑。她有时候会问他："我这样任性，你不生气吗?"他只是笑着说："我是男人，应该要学会承担。"

她很粗心，出去买东西不是丢掉这样就是落下那样，回到家后，看到她气急败坏的难过样子，他总是对她傻笑。她说他傻，丢了东西还笑。他反而笑得更大声，只是说她气急败坏的样子很可爱，惹人笑。她知道他是理解她的，总是时刻谅解着她。

那天，她被公司评为年度优秀员工，她拿回去一张证书在他面前炫耀，他看见她春风得意的样子，高兴地说："你真是我的骄傲，走，请我吃一顿吧！"她微笑，边打他，边被他拉着出去吃大餐。

他们有了一对可爱的双胞胎女儿，每一天晚上，即便是工作再晚她也会跑去房间看看她们再睡觉。只要有时间，他就会带着两姐妹去公园玩，他说他喜欢听她们边玩闹边叫他爸爸的样子。她看着他说话时入神的样子，只是微笑。

他就是这样一个男人，总给她依靠。难过时给她一个肩膀，兴奋时陪她一起欢笑，给她一个甜蜜芬芳的家，从来无愧她信任的目光，撑起了他们的地久天长，让她永远时刻在他怀里微笑。他的依靠如此让人着迷，她被深深地感动了，她说她要陪他一起天涯海角，也是他的依靠。他们彼此微笑。那笑容如此甜蜜和温馨。

给爱放放风

时光飞逝，女人和男人结婚三年了，夫妻二人每日重复着同样的内容，吃饭，睡觉，工作，伺候老人，管孩子，每天每天，不同的仅仅是那越来越焦躁的心。

一天，女人跟男人说："我要去出差，三天。在这期间，不要打电话找我，结束了，我自然就回来了。”

嘱咐过后，女人离开了。

男人还是忍不住打了电话，那边却传出关机的声音。

再给女人的朋友打电话，才知道她请假了三天。

男人发疯了一般，到处找。直到朋友告诉他她所在的宾馆。他走进去，女人正喝着红酒，听着音乐，望着窗外……女人看到男人，顿时惊呆了。

男人在屋里搜来搜去，没能搜到他想象中存在的那个男人。

“你到底是想做什么?”

“给爱放放风，偶尔……”

“为什么?”

“我想为我们的爱情保鲜，不能总是闷在屋子里。”

每个人都是怀揣着王子与公主的童话故事走进婚姻，可当随着时间的飞逝，这份童话般的爱情失去了梦幻的色彩，爱情也枯燥了。每个人多渴望尘埃落定，然而爱情最怕的也许就是“尘埃落定”，没有了变数，那么就如不经风浪的小溪，没有巨石山川的阻碍，也没有了欢快的音符，没有了起起伏伏的缠绵情怀。那颗躁动不安的心终究要沸腾起来，不是以吵架形式出现，就是以沉默狂乱起来。

作为一个有责任的男人，当爱走入平淡的流年，我们能做的不是任其洗礼，摧残我们对爱、对生活的心情，我们要试着去改变，帮助她走出那段迷乱的不安时期。女人很容易享受激情，就像初恋时候你送她一朵玫瑰花，送她一份爱吃的冰淇淋，她都要开心很久一样，她要的是你对她还有关注，你还愿意为她去做一些疯狂和浪漫的事情。然而当走进婚姻生活，你的关注点早已从她转变到家，责任，拼命工作，拼命赚钱，你以为她应该是知足的，她要的是这些。可是你错了，就像她很容易享受激情一样，她是很难享受平淡的，她总是要很多很多的爱，很多很多的浪漫，所以，男人要学会为自己找方法。

偶尔学会给爱放放风，将两人从家庭生活中独立出来。多一些你们自己的空间。带她去看场电影，吃一顿美食，享受你们两个人的世界别有一番滋味在心中。所以，即使相爱的两个人融为了一体般，也要给爱呼吸的空间，爱才能长久。

脾气越纵容越大，还是忍忍的好

张爱玲曾在《天地》月刊上刊登了一篇《双声》，表明了自己对于胡兰成纳妾之事的忍气吞声："随便什么女人，男人稍微提到，说声好，听着总有点难过，不能每一趟都发脾气。而且发惯了脾气，他什么都不对你说了，就说不相干的，也存着戒心，弄得没有可谈的了。我想还是忍着的好，脾气是越纵容脾气越大，忍忍就好了。"

她的大度其实是另一种进攻，狠狠地抽打在那个自己深爱的男人心里。女人如此，男人也如此，爱情里总要学会大度。不能有点小事儿就发脾气，有点问题就争吵，甚至是拳脚相加，因为没有一对夫妻能经受住对方每天的狂轰乱炸,暴脾气还是忍忍的好。

正所谓：“相爱容易，相处太难。”如果说相爱是一个甜蜜醉人的梦，那么相处就是一个不识相的闹钟，它总能把人们对于美好爱情的梦唤醒。可是我们不能对闹钟发脾气，伤的是自己，还是要学会大度，学会忍耐。

电视剧《金婚》讲述的是一对夫妻在漫长的50年婚姻生活中的琐碎故事，有初婚的甜蜜，有婚后相互的指责、争执，有中年的疲倦，有遭遇外来诱惑时的犹豫，以及老年时的相濡以沫，真实而生动地展现了婚姻的真谛——真爱是永恒。但是它，恒久却需要忍耐。

男人的爱，更应该变得宽大。为一句话就向女人蹦起三尺的人决不是男人。大度的男人能泰山崩于前面不改色，美色诱于前泰然自若。他有一颗向上的心，宽广的怀。他能任何时候都保持一种平静的心态，不焦躁，懂乐观地看待这个世界。和他在一起的女人，踏实、安定的感觉时刻荡漾在周围，呼吸到的空气都是那么的祥和。没有女人能拒绝和这样的男人好好过日子。

爱永远是开放的，也因此永远最包容，最珍贵。因为这开放的特性，所以我们必须学会接纳爱带来的所有问题——争吵、背叛、自私等等，男人要学会处理这些负面情绪，爱才能让自己成长，看到生命的奇迹，否则不会大度的后果就是去制造一个更大的根。

恋爱需要耐性和包容，需要大度地接纳自己的情绪，爱的旅程才会开始。

经得住诱惑，才能守得住幸福的家

有这样一个故事：

某日，一游客就要因口渴而死，佛祖怜悯，置一湖于此人面前，但此人滴水未进。佛祖好生奇怪，问之原因。答曰："湖水甚多，而我的肚子又这么小，既然一口气不能将它喝完，那么不如一口都不喝。"讲到这里，佛祖露出了灿烂的笑容，对那个不开心的人说："你记住，你在一生中可能会遇到很多美好的东西，但只要用心好好把握住其中的一样就足够了。弱水三千，只取一瓢饮。"

弱水三千，只取一瓢饮。人这一生遇到很多人，也能爱上很多人，但若想拥有一个幸福的家，就要学佛祖的精神：弱水有三千，只需取一瓢饮。万千诱惑，终抵不过拥有一个幸福的家庭，老婆孩子热炕头的幸福。所谓"十年修得同船渡，百年修得共枕眠"，怎样的一种漫长才修得此缘分，能与她共枕眠，然而当婚姻步入现实的生活中时，还是很多人抵挡不住外界诱惑的触角，将自己迷失了。

芸芸众生，乱花迷眼，不懂爱的人，才会把爱当作野火烧不尽、春风吹又生的草。爱虽然柔韧如丝，利刃难断，却禁不起滴水的侵蚀。一次无意的身体背叛，一次不经意间的精神出轨，都会给爱造成伤害。每一份爱里，总是存在寂寞、孤独、难耐，再完美的婚姻，夫妻二人也曾有成千上万次想离婚的冲动。然而这并不能成为我们对诱惑张开双手的借口，爱这个字，要近乎吝惜地锁进心灵深处，容不得半点虚假和背离。

日本作家园分康孝说，恋爱是对社会生活的逃避，而结婚则是人们对社会生活的参与，它是一个真正走向成熟的标志，既是青春的终点，也是奔向幸福人生的出发点。当轰轰烈烈的爱情走进平平淡淡的婚姻中时，更是检验你们爱情的时机。所以为了让它结出美好的果实，千万不要草率，要慎重，更要有诚意和责任感。娇玫万朵，独摘一枝怜。这，才是完整人格对爱本质的切肤认知，对爱内涵的深度诠释。

迷离恍惚间，感动于每一对执着于真爱走完一生的人。看他们为爱迷醉，为爱挣扎，也同搏爱的暗礁惊涛，可最终还是会一起共赏爱的小桥流水，一起品尝酸甜苦辣。霎时领悟到，在真爱的心灵里，永远没有诱惑的理由。只因为最想做的是，只和她共拥匆匆几十载的天长地久。

不舍得留下你一个人

这是一个怀疑爱情的年代，之所以我们怀疑爱情，是因为我们心中充满了各种诱惑，而忘记了爱情其实就是简简单单的两个人的事情，与其他事物没有任何关系，你喜欢我，我喜欢你，你离不开我，我也离不开你，就这么简单。

有一个这样的真实故事。

他是一个盲人，她也是一个盲人，他们在一所学校相识，相知，相爱。

命运给了他们一双看不见光明的眼睛，他们每天都生活在黑暗中，但是，他们很快乐，甚至比那些每天都能看到光明的人还快乐。

他们结婚了，他们的婚姻是爱情甜美的果实，简简单单一个宿舍，没有任何奢侈的家具，也少有人光顾他们宿舍，但是，他们都相信通过两个人的努力，能够住上一间更大的房子，所以，他们是快乐的。他常常握着她的手，仿佛在给她力量，她常常依偎他的肩膀，好像那就是依靠。

期间，他们搬了几次家，每一次搬家对于这对盲人来说，都是无比痛苦的。他们四处求职，处处碰壁，他突然意识到自己没有像当初一样实现他给她的承诺，于是，他决定放手跟她离婚，她听了以后，泪流满面，她说她离不开他，他也不能留下她一个人。

后来，他们开了自己的一家盲人按摩院，他们按揭买了一间很大的房子，他们终于有了一个家，一个温暖的家，一个不会到处碰壁的家。但是命运之神再一次将他们捉弄，他患上了癌症，要马上手术。他躺在病床上，又一次泪流满面，提出离婚，他想的是，手术费用太大了，他不想动用他们还贷的钱。可是她对他说，就是他们不买房，也要他把手术做好。他为了她，要活下去，他不舍得她孤孤单单地留在这个世界上。

手术成功了，命运之神放了他们一马，几年以后，他们还清了房贷，并开了一家更大的盲人按摩院。那一刻，他们突然意识到自己还没有拍过婚纱照，于是这对盲人走进了婚纱摄影棚。

摄影师含着眼泪为他们拍了一套最美的婚纱照。

他对她说，我得癌症的时候，想到了死，但是我舍不得你一个人留在这个世界上，因为你的世界是黑的。

他忘记了，他的世界其实也是黑的。

他还是舍不得把她一个人留在这个世界上。

每个人都有爱的权利，都能享受到幸福的滋味，也理应能够享受幸福。然而世上太多的爱都充满着仇恨、背叛、分离，只是因为我们没有那种时时刻刻都“不舍得留下你一个人”的情愫。很多人之所以还在怀疑爱，是因为，他还爱得不够，还爱得太自私。唯有担起一份责任，给她能给的一切，爱才真正开始。

爱没有合适不合适，只有珍惜不珍惜

爱情一旦变成琐碎的生活。就有了许多不完美之处。

他曾经绅士风范，风度翩翩，如今每天不洗头发、不刷牙地坐在家里玩游戏；她曾经淑女一个，貌美如花，如今在家里随意放屁、打嗝，穿得邋里邋遢。因为他的脏和懒，她大闹小姐脾气；因为她的散漫和矫情，他大胆责备。两个人在时间的催促下，都早已改变了原有的气质，剩下的只是自己的喟叹："我找的这个人是他（她）吗?""我们是不是不合适?"……

你对爱产生了怀疑，想着曾经的默契十足，想着一起欢笑一起疯的日子，你又犹豫不决。你想着你是爱她的，只是不适应她。其实，纯真的爱情就像清澈的泉水，那是退去热恋的面纱、历经人生的跌宕起伏以后的真实，没有娇柔造作，没有假意伪装，只是原原本本的那个人。只是，热恋时，你包容了她的缺点，将其放在心底里，而如今你翻出来她的缺点将其曝晒在日常阳光下，所以显得那么刺眼。什么是合适的爱？爱本就没有合适不合适，只有珍惜不珍惜。懂得珍惜，你便能包容她的一切不足，缺点也是优点；不懂得珍惜，你便总是鸡蛋里挑骨头挑剔她的各种不足。

张小娴在作品《幸福的理由》中提到，有一个男人，年纪不小了，却总是身穿可爱的印着狗狗图案的衣服，也因此他常常被朋友取笑。原来衣服都是太太替他买的。她买什么，他便穿什么。不穿的话，太太会不开心，而他只是为了能让她开心而已。时间长了，自己也习惯了，还慢慢觉得，其实印着狗狗的衣服也蛮可爱的。

看到了吗？爱就是如此，你能敞开胸怀包容对方，那么她就会绽放出幸福的笑容，你们之间的爱就是最好的爱。你若事事与她争辩、计较，那么她就会散发出狮子般的攻击，你们之间的爱就是糟糕的。想让你和她之间的爱变得幸福，就应该学会珍惜。懂珍惜，你就会发自内心去关心和呵护，没有华而不实的语言，没有自我表现、自我张扬式的行动，只是在一点一滴中和一言一行中让她感受到、体味到你的爱。

一份天长地久、细水长流的爱，需要用珍惜去加冕。娶了她，还要习惯有她，习惯她的一切。换一种方式，换一种姿态，就能体会到幸福的另一种滋味。

用深沉的父爱尊重孩子的意愿

为人父母是世界上极为快乐的事情，一个男人在收获了另一个生命之后变得更加富有正义和责任感。因为他们知道有另一个生命在感受着他的一言一行，他要成为孩子的表率，做一个好爸爸。都说父亲的爱是深沉的，不善言表的，然而正是因为这样，父爱才更显得严肃和宽和。但是为人父母总是望子成龙，望女成凤，当孩子降生后，父母便将人生的重心完全转移到孩子身上，总是想竭尽所能，奉献所有，让自己的儿女能过得好。也正因为如此，父母总爱用自己的标准去要求孩子，有时竟忘了：他们还只是孩子，他们也有自己的意愿和想法。

有一位父亲给儿子写了一封信：“我想了许多事，孩子，我常常对你发脾气。早上你穿好衣服准备上学，胡乱用毛巾在脸上擦一下，我责备你；你没有把鞋子擦干净，我责备你；看到你把东西乱扔，我更生气地对你吼叫。吃早餐的时候也一样。我常骂你打翻东西、吃饭不细嚼慢咽、把两肘放在桌上等等。我突然觉得害怕，我从没有尊重过你的意愿，没倾听过你的想法，我一直在不自觉地用自己年龄的标准去衡量你了。从明天起，我会认真地做一个真正的父亲，要和你结为好朋友，你痛苦的时候同你一起痛苦，欢乐的时候同你一起欢乐。我会每天告诉自己：‘你只不过是个男孩——一个小男孩。’”

作为父亲的你，是否也曾这样放下家长的架子，真诚、坦白地向自己的孩子表达你的想法、感受和爱？你若能放开自己的心胸这样为孩子做一次，会让他们幼小的心灵得到更多的温暖。

首先，尊重孩子的每一个意愿和想法，给孩子一个自主决定的机会。让孩子自己选择自己喜欢的玩具，自己喜爱的衣服并且在尊重孩子的基础上给予引导。

其次，父母在决定之前，不妨先听听孩子的意愿和想法，比如在培养孩子课外爱好时，先听听孩子自己想学习什么，家长也一定要仔细观察，再选择一种比较适合孩子性情及兴趣的才艺。

父爱无言，但是很伟大，对孩子影响更为远大。要想让孩子快乐自由地成长，就一定要尊重孩子的意愿和想法。放下自己的架子，给他足够的时间和空间，耐心倾听孩子的话吧。

体谅父母之过

有一位阿拉伯诗人说过：“我们的孩子只是行走在天地间的我们的心肝。”《圣经》中说：“上帝无法降临在每一个人身边，所以造就了母亲。”人世间最宝贵的感情中亲情首当其冲，一个人的成长都是从亲情开始，是父母一路的陪伴才使得每个人长大、成熟。世界上最伟大的爱便是父母对儿女的爱，他们无私奉献，默默无闻，不求回报，世上从未有这样一种爱，爱的如此纯洁，没有一丝私欲。

据说，上帝在创造人间“母亲”的时候花了许多的时间，到了“母亲”出世的那天，仆人就好奇地问道:“您为什么在造她的时候花了那么多的时间啊?”上帝说：“人间的母亲，她具有站立起来就不会弯曲的膝部关节，她靠残羹剩饭就能生活，她拥有能够迅速医治创伤和疾病的亲吻，从挫折到失恋，都能治愈。她有6双手，3双眼睛，她的眼睛可以透过紧闭的房门洞察一切，当孩子们有了过失或麻烦，她眼睛都能够看着他们而不必开口就能表达这样的意思：我理解你们，并爱你们。”每一个人的父母都是上帝派到人间的天使，给予我们疼痛时候的抚慰，给予我们源源不断的爱。

曾经有一首《常回家看看》感动了无数的人，我想那是因为每个人内心中都藏着对父母的一份爱和亏欠，因为很多子女并没有像父母对待他们一样同等对待他们。他们嫌弃母亲啰嗦，嫌弃父亲时不时的教导，他们并未体谅过父母的心情，只是一味地在享受着父母的爱却没有回报给他们什么。

作家柏杨先生曾说：“父母有错处的地方，也正是儿女显示是不是厚道，是不是恕道的时候。恕道是啥，恕道就是‘爱’和‘谅’。不但朋友夫妻要相爱相谅，父母子女也要相爱相谅，爱很简单，谅可是一种高贵的教养。只有爱，没有谅，埋着头苦苦苛求，纵是天伦骨肉，也要砸锅。”父母之爱，也应存一颗宽容心，多去爱多去体谅。

金无足赤，人无完人，我们的父母也有犯错的地方。他们或许不同意你的婚事，他们或许不理解你的事业，他们或许不同意你对子女的教导方式，两代不同的人难免会出现这样那样的代沟。父母不一定完全对，但作为一个孝子，就不应该横加指责，与他们大动干戈。孔子曾在这方面有独到的见解：“事父母几谏。见志不从，又敬不违，劳而不怨。”他的意思是说见到父母有过失，要婉转地劝说。如果已经表达了自己的看法而又没有得到父母的采纳，还是要照样尊敬顺从，只是心里忧愁但并不埋怨。孩子是父母的心肝，他们肯定会百分百做有利于孩子的事情。如果你和父母产生不和，不妨认真多听听他们的想法，若还是不能同意，反抗也要找对方法并在限度之内。

孝顺，孝顺，顺从有时便是孝。当然，前提在于不违背“仁”与“礼”的标准，盲目地顺从有时也会让儿女的生活蒙上阴影，这也肯定不是父母所期望看到的。双方多体谅，多多地相互提醒，家才能焕发出最美的颜色。

十、君子之交，浓淡总相宜

君子之交淡如水

一对穷人是朋友，在他们即将分别的时候，一个对另一个人说："如果现在我有钱，我最想给你买件礼物留作纪念。"另一个穷人也无限感慨地说："或是我们有一件随身物品相互交换也好，那么，我们便可以时时刻刻感觉到对方的存在。"

可他们什么也没有。然而就在那个秋意渐浓的午后，他们终于交换了一件礼物，各自心无遗憾地上路了。原来，他们交换了彼此的名字。

《庄子·外篇·山木》中说："且君子之交淡若水，小人之交甘若醴。”这句话的意思是君子之间的友情就像是水一样平淡无味，小人之间的友情就像是甜酒一样黏黏糊糊。经历了岁月的历练，南宋诗人辛弃疾也在临终时云：“味甘终易坏，岁晚还知，君子之交淡若水。”这一个个“淡”字，摒弃了虚伪，演绎了博大，淡化了沉湎，将友情描绘得恰到好处。不要对方的金银财宝，不贪念对方的家庭背景，不在意对方的美或丑，要的只是一份真心，心与心的交流和交换。都说友情如水一样淡，可它却有酒的醇香。

音乐大师舒伯特年轻时十分穷困，但贫穷并不能阻碍他对音乐的热忱。一天，油画家马勒去看他，见他正为买不起作曲的乐谱而忧心忡忡，便不声不响地坐下，从包里拿出刚买的画纸，为他画了一天的乐谱。当马勒后来成为著名画家的时候，弟子问他：“您一生中对自己的哪幅画最满意？”马勒不假思索地答道：“为舒伯特画的乐谱。”

或许不能给你所想拥有的豪车，却可以带着你去游乐场痛快地玩一场；或许不能给你解决重大的经济压力，却可以在你拼搏的路上一直给你支持和力量；或许不能帮你解决失恋的痛苦，却可以陪着你一起哭泣，一起感受心底的痛……友情总是无价的，淡淡的，就是那么淡淡一点的。你若不仔细发现，甚至有时候你会忽略它的存在，直到你失去它，你才知道它在你生命中原来扮演着多么重要的角色。

男人的友情总是那样淡淡的，平日里甚至没有一通电话或者一个短信，可当彼此需要对方的时候，却惊讶地发现那个人一直都在。因为他们总是会放开心胸不去责怪，没有批评，只是静静地等待，等待曾经相信的人给自己相信的友情散发出微微却恒久的芬芳。

海纳百川，有容朋友才会多

三国时期，吴国德高望重的大臣吕岱为人正直，爱才如命，经他推荐，出身贫寒、没有靠山的徐原做了官。出乎大多数人的预料，上任后的徐原并没有对吕岱唯命是从，而是敢于直言。每当吕岱做了错事，徐原总是直截了当批评他。有人便在吕岱面前讨好，说徐原的不是。

吕岱笑道："徐原能当面指责我的过错，是为了我好啊。我敬重、举荐徐原，正是因为他有这个长处啊！"

后来，徐原死了，吕岱哭得很伤心，他说："徐原是我的益友，现在他不幸去世，我今后还能从哪儿知道自己的过失呢？"

这才是真正的朋友，所谓忠言逆耳总是关联着最深、最真的情和爱。因为朋友之间不仅仅是要相互喜爱，更为重要的是在相互了解之后更加坦诚、直率，这样的友情是会历久弥新、历久弥香。每天只会奉承自己，好事围着转坏事跑万里的人不能成为真正的朋友，只能算是交往。但若想得到诤言的朋友，首先自己就要胸怀广阔，你先容得下朋友的诤言，朋友才能不断地说诤言给你听。当朋友说错了或者是犯错了，你更应该展现出一种度量去接纳、原谅，这样才能相互进步，又不断地促进友谊的前进。

哲人说，没有宽容就没有友谊，没有善待就没有朋友。海纳百川，能容是一种力量，是朋友之间的桥梁和阳光。会容，诤友才会多，自己才能进步。一个人拥有容的胸怀，生命就会多一分空间，多一分爱心。朋友难免有缺陷和过错，理解、宽容是解除痛苦和矛盾的最佳良药，能升华友谊，使之更高洁、更纯净。自己难免有失误，做错的时候，容才能将其几率降低到最低。

容是对别人的谅解，对自己的考验。为人胸怀广，我们就能解人之难，补己之过，扬人之长，谅己之短，从而赢得永久的友谊。

多感受他的快乐与伤痛

延参法师说："朋友是我们站在窗前欣赏冬日飘零的雪花时手中捧着的一杯热茶；朋友是我们走在夏日大雨滂沱中时手里撑着的一把雨伞；朋友是春日来临时吹开我们心中一冬郁闷的那一丝春风；朋友是收获季节里我们陶醉在秋日私语中的那杯美酒。朋乃两弯朗月，彼此明朗方可为友。"

我们知道友情在生命中的份量，没有人能离开友谊活过一生。所以很多时候，我们总是自豪地说"我需要朋友"，可却总是自私地说“你要多理解我，多体谅我”。我们每个人一直在围着自己再转，从不曾多为他人着想一番。生活在自我的一个世界里，又怎能切实感受和体会朋友的痛苦与难处？朋友总是“患难之处见真情”，若我们不能站在他的角度多感受他的快乐与伤痛，又何谈对朋友付出真情？

我们都知道马克思和恩格斯是挚友，一次恩格斯怀着十分悲痛的心情，把妻子病逝的消息，写信告诉了马克思。本来以为会得到马克思的同情和安慰，可是过了两天，他却收到了马克思这样的回信:“关于玛丽的噩耗使我感到意外，也极为震惊。”接着，笔锋一转，就说自己陷于怎样的困境。往后，也没有什么安慰的话。

“太不像话了！这么冷冰冰的态度，哪像 20 年的老朋友!”恩格斯看完信，越想越生气。于是他给马克思又回复了一封信，发了一通火，最后干脆写上:“那就请便吧!”两个人， 20 年的友谊就这样产生了裂痕。好在马克思是聪明之人，他意识到了自己的错误，想着自己应该多感受恩格斯的伤痛而不是一味地说自己的痛苦，趁着老朋友“冷静”一些的时候，就就又写信主动认了错，解释了情况，两个人又得以和好如初。

多多感受对方的快乐与伤痛，他开心的时候陪着他开心，他难过的时候多深入体会和理解，让朋友有一种如星云法师所说的“我也可以为你忙”的贴心感和踏实感。少顾念自己，多顾念朋友，当理解的时候多理解，当感受的时候多感受，当关心的时候要多问，当宽容的时候要多原谅。

可以一个灵魂，却要容忍两个身体

古希腊哲学家亚里士多德说：“真正的朋友，是一个灵魂孕育在两个躯体里。”

人生中不能缺少友谊，朋友总能带给我们太多的欢乐与幸福。他最懂我们，最了解我们的脾性，最能知道我们即将要说出的话，和朋友一起总是默契十足，有灵魂相通的感觉。但终究是两个不同的躯体，交友双方，或许具有相同的兴趣、相同的癖好，但不一定要具有同样的原则与人生观。只要你与他能理解彼此，能沟通，友情便可保持均衡。智者和真正珍惜友谊的人懂得怎样保持友情的适度和最佳状态。他们会放开眼界与胸怀自动调和，取长补短，相互映衬，这样才能把双方的光芒发挥到最大。友谊也能在这种理解和包容中绵延常存。

一代才女张爱玲，有一个非常要好的朋友叫炎樱。她们在香港大学中认识，她与她，度过了一段段难忘的美丽光阴。

炎樱是个漂亮的、活泼可爱的女孩子，而张爱玲的性格却是沉静清冷的，这从她的文字中我们就可以读出。但是，只要是同炎樱在一起，张爱玲也会变得开朗些。因为她不必再独自啜饮寂寞的毒，有一个鲜活的生命在她的人生里舞动，那就是炎樱。两个不同的人却走到了一起。如同那双生的姐妹花，互相衬托着彼此，更加鲜艳。她们虽然是两种调子性格的人，却在一起相知相伴多年，对于彼此来说，都是人生莫大的幸运。

“云映日成霞，泉挂岩成瀑。”是林语堂先生在《论闲与反》中的一句话，这道出了他的交友之道，林语堂先生认为，交友最可贵之处莫过于相互扶持和相互映衬。没有一个人生下来就与另一个人志同道合，灵魂相通，两个不同的躯体里要想升出同一个灵魂是需要相互磨合、相互抚慰的。懂得同甘共苦、互扶互助，懂得相互提携和配合，这样才能使友谊更有力量，坚不可摧。人不应总想着自己的光鲜和亮丽，友谊是个整体，相当于一个团队，多点胸怀，少点自私自利，内心接近如一个灵魂，而又尊重彼此的那段微小的距离，你的友情之路将会更加顺畅。

朋友，一路顺风

阿根廷作家豪尔赫·路易斯·博尔赫斯写过一篇文章“朋友之树”，他说：“在人生的旅途中，我会邂逅许多人，他们能让我们感到幸福。有些人会与我们并肩而行，共同见证潮起潮落；有些人只是与我们短暂相处。我们都称之为朋友。朋友有很多种。就好像一片森林，每一棵树是一个朋友。时光流逝，夏去秋来，一些叶子会离我们而去，一些叶子会在另一个夏天出现，还有一些叶子会陪伴我们许多季节。但最让我们感到幸福的是，那些虽已凋零，却不曾远去的叶子，他们依然在用欢乐滋养我们的根系。那是他们与我们相遇时留下的美好回忆。”

朋友就是我们生命中的那棵树，从不会颓败，只会每年年发出新的枝芽，永远陪着我们绽放。

然而人生聚散乃是常事，很多朋友也不能一直一路相随，因为这样那样的原因，终究是要天各一方。等到看见他背起行囊，留下一个个背影，向着各自的人生岔路口走过去，那一刻我们是心痛的，伤感的，不舍的。如今人虽然在眼前，可是马上就要各奔天涯到不同的地方去，那种不舍，那种遗憾如此真实，却又感慨人生总要回归到现实。

天下无不散之筵席，所有的筵席，必得散场。也许你不愿面对，更不愿去接受。但是人生就是这样不随人意，你只能放开心胸，坦然面对。

更何况真正的友情并不会随着时间和地点而变动，即便是你在那里，他在这里，也并不能阻挡深深的友情传递。所谓“海内存知己，天涯若比邻”，远离分不开真正的知己，只要同在四海之内，就是天涯地角也如同近在身旁。就像作家三毛所说：“知交零落乃人生常态，只要偶尔想起，心中仍旧温暖，就是好朋友。”我们所能做的，只有温存那残留的回忆，记起那些曾经美好的感觉。偶尔与近在心中却远在天边的朋友聊聊天，回忆一下共同的曾经。

所以，若无奈我们终究要与朋友分离，那么就好好说声再见："朋友，一路顺风。"

友情树上有一个果子，叫信任

梁漱溟先生在《朋友与信》中曾说："朋友之间，要紧的是相知；相知者彼此都有了解之谓也。" 友情从来都是相知、相识的结果，它上面结出了了解、欣赏、信任、宽容、理解、付出、奉献、牺牲等果子，但在男人的友情树上，信任更为重要。

女人重情，男人重义，在男人的世界里，友情更代表着一种义气。当一个男人与另一个男人建立起深厚的友谊时，这就代表着他们早已能够彼此信任对方。因为信任不再单纯是情的一种表现，更是义的一种责任。所以男人的友情天地里，他们大多是胸怀宽广的，一旦确立了朋友关系，他们更能够信任对方。也因此，男人的友情比女人的友情更为牢固和持久。

古希腊有一个叫皮西厄斯的年轻人冒犯了国王，被投进了监狱，即将被处死。皮西厄斯说："我只有一个请求，让我回家乡一趟，向我热爱的人告别。"

国王听完，笑了起来："我怎么知道你是否会遵守诺言呢？你只是想逃命而已。"

这时，一个名叫达芒的年轻人说："噢，国王！把我关进监狱，代替我的朋友皮西厄斯，让他回家乡看看，料理一下事情，向朋友们告别。我知道他一定会回来的，因为他是一个从不失信的人。假如他在您规定的那天没有回来，我情愿替他去死。"

这种相互信任的感觉，让国王动摇了，最终释放了两个人。

一言既出，驷马难追，这是男人对自己的承诺，也是他人信任的一种责任，朋友之间总要互相信任才能够互相依赖，没有信任作为基础，任何友情都是妄谈。

当然这种"信"，并不是一种盲目的信任，而是建立在相互了解基础上的，我了解他的为人，了解他的心性与脾气，清清楚楚地知道这个人，心里才会有把握去信任他。当发生事情时，就算全天下的人都对他的想法和行为质疑，你却能够理解他，并且坚定地站在他这一边支持他、鼓励他。这才是真正的知己。

《诗经》说："知我者，谓我心忧；不知我者，谓我何求。"当信任到了，才能称得上是知己，他所说的话你完完全全听得进去，他所做的事你百分百支持，这才是真正贴入人心。多少人感慨：人生得一知己足矣！其实都是在慨叹，何时能遇到一个完全信任我的人而已！

原谅他，只因他是我们最爱的朋友

“你在哪里?”

“和女朋友逛街……”

“晚上出来喝酒吧?”

“晚上我答应她看电影了。”

“那算啦，今天挺难过，想找人出来喝酒聊天，算了，你忙吧。”

……

“你在哪里？刚才女朋友的姐们来电话，说她们晚上有活动，我不去了，你在哪里？我去找你。”

其实你不知道为了你，他和女朋友刚大吵了一架，只是他不想告诉你，因为男人不会在兄弟面前唧唧歪歪，更不会把兄弟每天挂在嘴边，他们只是去做，去爱。只因为在友情的面前，他们觉得任何事情都是微不足道。

马克·吐温说，“神圣的友谊之情，其性质是如此的甜蜜、稳定、忠实、持久，可以终身不渝。”真正意义上的友情应该是那种能在心灵上达到共识，理解和通融的；是那种能在朋友陷入困境时，毫不犹豫地伸出温暖之手，给对方雪中送炭的帮助，而不是落井下石；在朋友稍有成就时，毫不吝啬地用一颗真诚之心，给对方锦上添花的援助，而不是冷嘲热讽；在朋友犯错时，大度地接受对方的过错，给对方一次原谅，而不是不理不睬甚至口舌相争。这一切，只因为他是我们最爱的朋友。

《最爱的人伤我最深》《我们相爱却又互相伤害》，虽然这仅仅是描述爱情的歌曲，其实用在友情上也如此。如果不是曾经那么的爱，那么的好，试问他又如何能伤得了你！

他曾经有个朋友，在困顿不堪时来投靠他，他看见他落魄和难过的样子，心里很难过。他想着即便是自己每天挣十块钱，他也要给他五块钱吃饭。他管他吃，管他住，还让他在自己的小店里帮忙。令他想不到的是，在一个夜晚，他的朋友竟将店里的所有营业收入席卷而空，去向不知。家人帮他报了警，就在警察赶来的前一刻，他放弃了。他一直相信，如果不是万不得已，他也不会这样！

“朋”，是两个月亮相互依靠，失去了任何一个都不行。当朋友犯错时，我们应该学会大度的原谅，因为怨恨只会苦了自己，承受的只有朋友给自己的伤害。相反，开阔胸怀学会原谅，挽回的却是一份友谊和一个自己爱的人。

通晓经史百家的林逋在《省心录》文中讲道：“以责人之心责已，则寡过；以恕已之心恕人，则全交。”“原谅”包含着人生的大道至理，它不仅是一种雅量和胸怀，更是一种人生的境界，原谅的同时，也创造了自己生命的美丽。

不苛求，懂尊重，亲疏随缘

毕达哥拉斯曾说过一句神秘的格言：“不要啃掉自己的心。”很多人总爱苛求自己，苛求他人，最终把自己的心都啃小了，只剩下一具残骸。在这个世界上行走的每一个人都想拥有三五知己好友，因为一辈子太长，不能和伴侣说的事情又太多，唯有友fg被分掉一半忧愁。世界上没有比友谊更美好、更令人愉快的东西了；没有友谊，世界仿佛失去了太阳。

尽管我们有对友情的渴求性，迫切性，但是却不能苛求对方跟自己交朋友，因为这世界上唯有心灵契合是强求不来的。朋友之间的组合具有随意性和自由性，轻松是最大的基调，它也不以共处、认识时间的长短为依据，有人在一起共事几年，甚至十几年，但是由于情不投意不和，依然似陌生人，彼此走着不同的路。而有些人虽然认识的时间很短，即便是一次短暂的喝茶时间也能聊得热火朝天，直奔心底最柔软的地方去。这就是友情，它也如同爱情一样，需要缘分。

既然友情也需要缘分，那么我们就应该学会在友情里大度、大方，懂得尊重彼此，不苛求，不抱怨，亲疏随缘。我们应该知道，一个人的品性也会随着时间和环境的改变而改变的，而我们能做的只有相识前擦亮眼睛，相识后懂尊重，给对方距离。否则，就会无缘无故生出许多争吵，破坏了友谊的和谐……就如周国平先生所说：“对于人际关系，我逐渐总结出了一个最合乎我的性情的原则，就是互相尊重，亲疏随缘。我相信，一切好的友谊都是自然而然形成的，不是刻意求得的。我还认为，再好的朋友也应该有距离，太热闹的友谊往往是空洞无物的。”

如果哪一天，你遇见了一个人，你觉得他是你的同类，这种同类不以职业而分，不以性别而论，且在他的身上你得到了一定的教益，你们在一起格外轻松且自然。不用怀疑，这就是你真正的朋友了。

寻找共同点

人生在世，没有人能离得开朋友。有道是多一个朋友多一条路，朋友多了路好走。按照古义：“同师曰朋，同志曰友。”今天常合并起来解释，凡彼此间有一定交情的，都可称作朋友。朋友的种类很多，有“道义相砥，过失相规”的“畏友”，有“缓急可共，生死可托”的“密友”，也有“甘言如饴，游戏征逐”的“昵友”，还有“利则相攘，患则相倾”的“贼友”。

贾岛说："君子忌苟合，择交如求师。"结交什么样的朋友，会一定程度影响自己变成怎样的一个人。而那些杰出人士选择朋友时，总会寻找那些志同道合的人作为自己的朋友。志向不同，情趣有变，友谊是不可能长久的，早晚会分道扬镳。梁漱溟先生在《朋友与社会信用》中说："朋友相交，大概在趣味上相合，才能成为真朋友。"他认为择友的标准应该是"趣味"。这个趣味包括学识、品格、个人喜好等各方面。趣味不必相同，能够相合就可以了。这样说，一个人只要胸怀宽广，根据自己的各种趣味是可以结交很多朋友的。只要不自己局限自己，终会找到一个听懂自己的人。

金庸先生所著的《笑傲江湖》中，曲洋和刘正风一个是正道名宿，一个是魔教长老，虽然道不同，可趣味却相同，两个人因为共同的爱好而结为生死之交，琴箫合奏《笑傲江湖曲》，他们在共同的兴趣上达到了性情的契合，最终双双殉乐而死。嵇康曾说：内不愧心，外不负俗，交不为利，士不谋禄。与人结交不是为了从中获得什么好处，只要脾气相投就行了。

但这种趣味相合并不是说利益相合，择友一定要选择品德高尚、心胸宽广者。孔子说："与善人居，如入芝兰之室，久而不闻其香，即与之化矣。与不善人居，如入鲍鱼之肆，久而不闻其臭，亦与之化矣。"墨子有更形象的比喻，他把择友比作染丝："染于苍则苍，染于黄则黄，所人者变，其色亦变。五人而已，而已为五色，故染不可不慎也。"每个人都有近朱者赤近墨者黑的脾性，尽管我们有自身的防护或者说抵抗能力，但为什么不在起初就“择善而从之”，反而自讨苦吃呢?与高尚的人在一起，你也会感染上他的气质，何乐而不为呢?

女人情怀篇

女人好像生下来就应该具有情怀，这种情怀无关相貌,无关年龄,而是一种心态,一种情趣,一种意境。美丽的女人是先天造就,但是有情怀的女人需要后天养成。她们温婉、灵动、阳光、热情、聪慧、单纯,会撒娇但绝不任性,能给予而不是一味索取,会羞怯但绝不懦弱,有耐性但从不固执,懂坚强但绝不冷硬,冰雪聪明却不故意炫耀,阅历丰裕但从不麻木，感恩工作也会享受生活……她们或许物质不丰裕,但是精神却十分富足。幸福对女人来说,是那样短暂,倏忽即逝。唯有拥有情怀,幸福才能成为永恒。

一、女人如花，温柔似水

女人因温柔而受怜惜

有一句话说：“漂亮的女人是给人欣赏的，温柔的女人是给人疼的。”女人的温柔如同夜空上悄无声息的星星，灿烂辉煌美丽，且必须永恒不变！大部分女人皆因温柔而受男人怜惜的。男人们也都喜欢温柔的女人。他们心里希冀着将来娶一个温柔贤惠的人做妻子，那女子温柔、浪漫和体贴，理解并且尊重他。于是，温柔的女人们从一生下来就开始痴痴醉醉地等待着那些能懂得自己温柔的男人，遇上了便爱得至死不渝。

女人可以不漂亮，但绝对不可以不温柔。

温柔的女人是男人精神上的依托。

在实际生活中，一说到男人我们往往会和强壮、力量联系在一起。殊不知再坚强的男人也有脆弱的时候，他们的心也会孤独和落寞。但是男人都是爱面子的，他们在外人面前总是坚韧而不轻易低头，即便是心再伤，再累，也是一副不服输的面孔。而在心爱的女人面前，他们却想也肯卸下所有的伪装。因此，在温柔的女人眼里，男人好像是永远长不大的孩子，需要女人用温情去时时呵护。

当男人带着工作的怨气回家，也许只是因为他们在外面受了委屈，此刻的你千万不要埋怨他的抱怨，更不要指责他的怨气，而是要怜惜地为他做一些“小事”，比如沏一杯泔洌的清茶，或是冲一杯浓酽的咖啡，很贴心地握一握他的双手，或者轻轻地不经意地吻一吻他的额头……当男人遇到挫折，把烦恼带回家，此刻的你千万不要对他不理不睬，而是要知轻知重、恰到好处地鼓励他将烦恼说出来，然后认真倾听，并与他分享痛苦；当男人的母亲生病，此刻的你千万不要不闻不问，更不要恶语相向，而是应该替他好好地照顾她，因为母亲永远是他最深爱的人，男人会因为你的善良而领略到宁静生活中的幸福，从而更加爱你和这个家……

温柔也许不是嗲，不是撒娇，温柔应该是一种淡淡的味道，里面蕴含着博大的母爱和女性特有的温情，它是上天赐予女人的一种独特的大爱。温柔是将自己的心融化了，捧到自己所爱的人面前。所爱的人感受到了你的温柔，便更加懂得怜惜和疼爱你。做为女人就应该温柔，因为只有“柔”才能克“刚”，只有“柔”才能守住男人的心。

女人温度 = 温柔 + 温暖

女人是一种特殊的动物，她能给男人别样的温度，那就是——温柔+温暖。一个成功的女人，总能用这种温度温暖男人，让男人在事业上如火如荼，生活上温馨舒适。一个成功男人的背后，也总有这样一个体贴、温暖的女子，她们在生活上是贤妻良母，在工作上又是男人的贤内助。

温柔，是女人具备的一种特殊魅力，这样的女人像绵绵春雨，润物细无声，给人一种温馨的感觉，令人心荡神驰、回味无穷。你可能不是事业上的女强人，不是高学历、高工资、高收入的三高女；你的厨艺也许不怎么样，甚至做起饭来样子还显得很笨拙；你也不是美貌如花的大美女，长相真的挺一般，但只要你是一个温柔的女人，就这一点就足够吸引很多男人的注意。因为女人需要的是男人对她好不好，而男人需要的是女人对他温柔不温柔。

温柔的女人就是上天派来的爱的天使。有了女人的温柔，再坚硬的顽石也会被融化。

温柔，只是一个女人性格修养的外在表现。而温暖则是女人体现温柔的重要手段，也是温柔内化的一种形式。

一个温柔的女人，总是通达的，她会让爱在一种平淡中走向坚固和永恒。一个温柔的女人，她深爱着她的丈夫，尽管她的丈夫常年在外出差，但这丝毫没有影响到他们的感情。她从不担心男人在外面乱搞男女关系，更不会抱怨男人对自己过少的体贴和关心。她总是那样一如既往地信任他，从不苛求他，给他最多的理解和宽容，同时也给了自己足够的自由。她可以尽情地享受爱，却从未觉得被情所困。

一个温柔的女人，总是温馨细致的，她会让爱在简单中升华。一同出门时，男人吃东西弄脏了手，她会把纸巾递上；衣服扣子掉了，她会坐在床前细心地为他缝补……

一个温柔的女人，总是善解人意的，她会懂得尊重自己的丈夫，极少在男人面前暴跳如雷。她不会给你压力，目光里写满鼓励与怜爱。

一个温柔的女人，总是带着许多感性，她有血有肉，有情有义，总用自己的温度温暖着全家人。

做柔情的小女人

在《红楼梦》里，贾宝玉说：“女人是水做的。”女人似水，柔情蜜意。表面上看，那一抹娇羞的微笑，那一声柔声细语的呼唤，是那么纤弱，没有力量，但实际上多少英雄铁汉拜倒在这柔情中。柔情的力量是不容忽视的，就像海水，其实它拥有淹没一切的力量。柔情也如此，它能把一切愤怒、误解、仇恨、冤屈、报复融化掉。在一个柔情似水的女人面前，男人的那些吵闹、吼叫、斤斤计较，早已消失得无影无踪了。

她是那种柔情的小女人，睡懒觉、爱撒娇、爱使小性子，还总爱掉眼泪。可是他却很疼她、宠她。她的妈妈总对他说："幸好嫁给了你，才能不计较她的小性子。"他笑着说："这些在我看来，都挺可爱的。"

后来，她偷偷地问他："我真的是可爱吗，不讨人厌？"他看着她不好意思的表情，笑着说："是啊。""为什么？"，她笑着盯着老公的脸说。老公想了一会，说："比如，你从不大声嚷嚷，说话的声音永远都很轻声细语；你早晨上班走的时候，总会轻轻地吻我一下；你会默默地给我做好饭、熨好衣服；你看韩剧，会傻傻地抹眼泪，还有……"老公坏坏地笑起来，突然戛然而止。她跑到他怀里，撒娇地非让他说。"还有晚上的时候，你的脸颊总爱飞红，那羞涩的样子实在是让我着迷……"

柔情的小女人总是让男人着迷，能激起男人保护弱小的欲望。不幸的是，有许多女人并不知道柔情的力量，也不知道柔情是一种可以克刚的武器。她们因为害怕失去自己在男人心目中的地位，总显示出自己女王的样子。蛮横，不讲理，唯我独尊，显示出女性粗糙的一面。这样的结果只会适得其反，你离女王的感觉越近，你"女王"的地位越不稳固。

古往今来，杰出的男人无不欣赏女性柔情的一面，马克思就曾说他最喜爱的女性的性格就是温柔。柔情的女人，在极度的单纯中却有着深刻，她就像一杯散发着幽香的葡萄酒，男人端起便不忍心放手，因为他越品越觉得她有味道。没有柔情的女人，犹如一杯白开水，男人只有饥渴难耐时，才想到她。男人是泥，女人是水，再强硬的泥若遇柔情的水都会软化。女人应该学会利用自己独特的优势，去为男人创造生活中的香甜，去为自己创造别样的幸福。

做丈夫的性情中人

很多人说，婚姻是爱情的坟墓，当爱情走进了婚姻，爱情曾经美好的面貌：浪漫、温柔、体贴等似乎就不见了，有的只是柴米油盐的争吵、家务活做多少的计较、双方父母两个家庭之间复杂的关系处理等。那么多女人哀叹命运的不公，骂着男人的花心，可是女人似乎忘记了自己也已经改变了容貌，婚姻之前那温柔的样子早已跑掉了。在丈夫去外面寻找柔情来慰藉自己焦渴的心灵方面，是不是自己也担负着一定的责任？

你每天相夫教子、洗衣做饭、忠于家庭，勤勤恳恳地工作、生活，各方面做得面面俱到，但是脾气却越来越急躁，一副粗俗的大嗓门，总是在不断地呵斥着孩子的调皮，不断地指责着丈夫的是是非非。你总说自己辛辛苦苦，为了这个家付出了很多，却落得如此下场，不甘心！孰不知，男人需要的不是一个保姆、管家婆，而是一个知冷知热、知轻知重、温柔体贴的性情妻子。

他在外面和几个哥们喝酒，长时间未聚的几个人，玩得很尽兴，不知不觉就到了晚上十一点多。这时候他的手机响了，还未等他开口，她早已暴跳如雷，大声地在电话那头喊着："你不要再进这个家了，知不知道几点了？"说完，电话就挂断了。一个哥们调侃地说："怎么？嫂子挺有侠气啊？"他苦笑着，觉得自己很没面子，拿起旁边的酒杯一饮而尽……

很多女人是称职的家庭主妇，却很少是称职的妻子。她们爱丈夫，爱这个家，却总是爱错了方式。于丹说："性情中人做的事就是兴之所至，有兴致的时候做一件你觉得快乐的事。快乐的事不计功利，但是它往往能融进生命。"做丈夫的性情中人，不仅仅是称职的家庭主妇，更多的是一个理解丈夫、了解丈夫、宽容丈夫、安慰丈夫、忍让丈夫、信任丈夫的妻子。让男人心动的，不仅是你的勤劳和能干，更有你的细心、体贴和善解人意。懂得丈夫的性情，再强悍的男人也会被征服的。

一纸婚约无法永远守住一颗心，也没有哪份爱情会长久常新，这婚姻本来就是烟花灿烂后的落英满地，若不会经营，走向平淡无味是必然的。但若你是丈夫的性情中人，恐怕哪个男人都逃不出你的"手心"，也不愿意逃脱这份婚约。

顺从是个秘密

在英国曾经有一个段子，说铁娘子玛格丽特·撒切尔夫人在首相任期内，有一天回家，她忘了带钥匙，于是她敲门，她的老公在门里问："谁呀?"

撒切尔夫人大声说："英国首相!"

她老公没好气地说："对不起，你走错了门，这里不是唐宁街10号。"

撒切尔夫人只得温柔地说："我是你的妻子玛格丽特。"

她老公才把门打开。

这个故事告诉我们，两个人在恋爱和婚姻当中要想生活得和谐美满，就要学会一点温柔的顺从。男人喜欢的女人都是温柔的，她们不会处处以自我为中心，也不会事事要跟男人决高下，她们总是浅浅地微笑，里外给男人尊重，适时把男人推到高的位置上去膜拜。这是一种女性特有的温柔战术，任何男人在这样的女人面前总是肝脑涂地为其做任何事。就像是电视剧《潜伏》里的一句台词一样——有一种失败叫做占领，有一种胜利叫做撤退。温柔的女人总是如此，她们不是没有主见的"乖"，也不是野蛮女友的"野蛮"，而是回归女人本色，是一种好性情、一种智慧。女人的温柔是一种可以让男人品尝后主动驯服的软酒，口感细腻的佳酿。

可惜的是，现在的女人都有觉醒的意识，喜欢独立，喜欢个性，更不喜欢做男人身边的小绵羊，顺从男人。有的女人跟男人吵架后即使认识到是自己错了，也总不肯主动去示弱，她们认为示弱就是投降，首先面子上过不去，其次害怕男人会得寸进尺，自己很难控制对方。

可是，爱情本就是以爱为基础建立起来的关系，在爱的人面前示弱并不是丢脸的事儿，更无所谓面子问题。你能为自己的错误去请求原谅早已是对方记下的一份感恩，只能让对方更加疼爱和珍惜自己。一个真正爱你的人，从不认为对方的示弱或者顺从就是软弱的表现，这只能被当作爱的符号铭记。因为爱你，才愿意主动去顺从。因为爱你，我愿意低下高贵的头颅。

当然这种顺从并不是没有原则、毫无意义地低头认错或者乞求原谅，而是一种互相理解，互相倾听彼此心声的尊重。男人都喜欢顺从温柔的女人做妻子，而不是孤傲地不把男人放在眼里的女人。但男人更不喜欢无原则的顺从女人，那只会让他们觉得自己娶了一个保姆或者管家，而非是妻子。

爱，应该是平等个体之间相互给予与付出的对等关系，没有卑躬屈膝，没有唯唯诺诺，只有相互欣赏、相互尊重。

男人被崇拜才快乐，女人崇拜才快乐

张爱玲说：“男人对女人的怜悯，是近于爱的；一个女人决不会爱上一个她认为楚楚可怜的男子，女人对男人的爱，是带有崇拜性的”。一个女人爱上一个男人，总带着或多或少的崇拜性，崇拜他的学养、崇拜他的帅气、崇拜他的歌喉、崇拜他的乐观……女人需要崇拜才能爱上一个男人，男人也需要被女人崇拜的感觉让自己变得强大。

张爱玲是典型的因崇拜而爱的女性，她爱上了胡兰成，在她眼里，他总是特别的一个，那种气质加上广博的知识深深地吸引着她，那种成熟的浪漫深深地让她着迷……她崇拜他，因而在他面前，她敏锐的思维和肆恣的才华总是心甘情愿地“沉默”。无论胡兰成评时事，论古今，张爱玲都只是安静地坐着，听他讲。

培根说：“古人有一句名言：‘最大的奉承，人总是留给自己的。’——只有对情人的奉承要算例外。因为甚至最骄傲的人，也甘愿在情人面前自轻自贱。”这种心理也许是自古以来的传统所造成的。

从古至今，女人似乎都是安家、筑巢的代名词，主家庭；而男人似乎总是力量、阳刚的代名词，主外面。男性，这个字眼，在女性眼里，几乎是“安全”或“强大”的意思，这让男人对女人有着神秘诱惑性。经年累月，便形成了女性对于男性无限崇拜和趋慕的心理。

女人一旦崇拜起男人，就会变得温柔。男人一旦得到女人的崇拜，就会变得征服。

崇拜可以拉近男人与女人的关系。女人崇拜男人，总是让女人变得小鸟依人、温顺、谦虚、安常处顺。男人被崇拜，总是让男人想为崇拜自己的女人做得更好。他会在女人的"崇拜"面前乘胜追击，不断修炼自己，使自己变得更精英、完美。崇拜与被崇拜的结果以崇拜者快乐，被崇拜者不断完善自己而落幕。

但崇拜与被崇拜总有一个度，过分崇拜一个男人，会让他变得太高，把他推到不尊重女人的地步，你越温柔得到的尊重反而越少，女人只会落得卑贱的地步。这就告诉女人，温柔有度，适度地崇拜男人，男欢女爱的游戏才变得有趣且刺激。崇拜要深谙"男女进退、阳刚阴柔"之道，建立在两性区别却又应当和谐的基础上才可以。

柔声细语征服男人心

男人爱女人的温柔，这总能让他们觉得自己是强者。常常是女人就像是一个垂钓者，用温柔的诱饵来钓男人这条大鱼。

一旦男人真正咬了钩，她们便会立马转变摸样，狠狠一拽。鱼儿猝不及防，只得乖乖就擒。大概，每条鱼被拖上岸时，想的最后一件事是：原来温柔是陷阱。

没追到手之前，男人觉得这世上哪个女人都挺温柔。她们柔声细语，说起话来总是轻轻的，一副温柔的模样。追到手之后，男人觉得，温柔只是个传说。她们开始变得爱闹、爱吵、爱吼叫，早已改变了原来柔声细语的模样。

这不怪女人。只是怪女人心里总是满足不了的安全感。她们一旦得到一个男人，心里总有恐惧，恐惧爱情会离开。这时候，再温柔的女人，也总会有不温柔的一面暴露出来。通过她粗糙的声线，可以听见，她的内心，是多么无助……

可是太多女人忘了，原来征服男人时，你用的是什么。而如今，你却忘了来时的路。

通常情况下，女人的声音就代表了她当时的态度和情绪，男人总是依靠女人的声音来及时了解女人，从而为自己下一步的行为做法做出准备。很多离婚的丈夫说最不能忍受的就是她的声音，要么是毫无一点感情色彩的命令，要么就是包含斥责和不耐烦的口气，甚至是大骂……这让男人对于自己下一步的行为只能选择沉默或者是对抗。相反，当一个男人听到一声温柔的呼喊“老公”，或者是“柔情”地对他提出意见，男人下一步做出的行为都是接受或者认真聆听。

可见，柔声细语的女人才能征服男人心。据调查还发现，男女相爱，也多数源于声音，声音决定了爱的吸引与和谐。轻柔曼妙的声音就像一块磁石，总让人不自觉的有靠近聆听的欲望。

做一个柔声细语的女人也并不难，首先你要保持一个良好的心态，凡事要学会看淡些，以一颗平常心去对待生活中的不如意，多多宽容和理解男人。心态好了，说话的语气自然会充满温情。其次，你还要不断地调整自己说话的音量，多练习轻声细语；多训练各种表达方式，如激动的、无精打采的、哀伤的、滑稽的等，让自己掌握声音的魅力；多积累自己的词汇，尽量去掉不好的口头禅，让自己说起话来妙语连珠……

优雅的声音是女人味的最佳表现，也是征服男人心的最好方法。一个优雅、温婉的声音总能让男人拜倒在自己的石榴裙下。

坏脾气是不幸的导火索

坏脾气是我们在爱的人面前经常使用的发泄手段，越是亲近，我们越容易流露自己最真实的感受。我们忘了，坏脾气伤害的都是我们最至亲的人。而最至亲的人，最在乎我们，伤害的又最深。这也是为什么有一首歌唱道“我最爱的人伤我却最深”的缘故。爱之深，伤之切。

一个人在情绪起伏很大的时候，容易说出一些违背自己内心的话。发脾气的时候，你们似乎不再是亲密的爱人，仿佛是斜斜的屋顶，只是因为彼此不同的想法，倒向了两个方向。冷战，争吵，眼泪，伤害…… 爱情在这时候最容易粉碎。坏脾气还是要控制得好，就像张爱玲说的："随便什么女人，男人稍微提到，说声好，听着总有点难过，不能每一趟都发脾气。而且发惯了脾气，他什么都不对你说了，就说不相干的，也存着戒心，弄得没有可谈的了。我想还是忍着的好，脾气是越纵容脾气越大，忍忍就好了。"坏脾气往往是不幸的导火索，一次次的发作，总是会将爱情伤到体无完肤，直至破碎的。

爱，应该变得宽大。因为我们是相爱的两个人，因为两颗相爱的心才走到了一起。我们相爱的初衷都是给对方最美好的幸福而非是伤害。因此，爱应该永远都变得包容。要学会接纳对方一时兴起的坏脾气，也要学会控制和疏解自己的负面情绪。当我们首先能管住自己的脾气且能帮助对方处理坏脾气时，爱才会变得快乐，我们也才能看到自己在爱中的成长。我们不能因为不会容忍自己的坏脾气就去制造一个更大的恨。学会处理情绪，爱的旅程才开始。

第一步，当我感觉到自己要发脾气时，我就对内在的自己说，"我可以发脾气，发脾气是可以的。"一旦这样对自己说，我的内心就变得平静下来，因为我完全接纳了自己的情绪，而不是去压抑。

第二步，认真思考发脾气背后的原因是什么？是他哪里做的让自己不满意吗？因为什么不满意呢？想一想，我看到了。

第三步，我会问自己，我的期待是什么？我的期待是对他的，还是对自己的？基本上，走到这一步，大部分的问题就消失了，因为每个人都知道我们不能拿自己的标准去衡量别人、要求别人，我们能做的只是对自己负责。这时，我们放弃了批评和指责对方的念头，我们重新回归到自我，心也变得平静了。

会撒娇的女人

撒娇，并不是孩子们为了得到糖果而特有的专利。作为一个女人，不管你年纪多大，有时撒娇任性、赖皮一下，可以增加感情的“蜜”度和“深”度。

造物者用了最和谐的美学原则来创造人类，它赋予了男性阳刚之美，又赋予女性阴柔之美，正因为两性之间各有其独特形态所形成的鲜明对比，才使男女的结合成为世界上美妙的事情。

阴柔之美是女性美的最基本特征，其核心是温柔，柔声细语，会撒娇，能善解人意……女性之美，美就美在这柔声细语的“似水柔情”上，美在会撒娇的可爱上，美在能善解人意的大度上……女作家梅苑在《美人如水》一文中说，女人有点似水柔情，才有女人味道。可见，女性的诱人之处正在于有似水的柔情。女性的似水柔情对男性来说，是一种迷人的美，也是一种可以被其征服的力量。一位诗人说："女性向男性进攻，'温柔'常常是最有效的常规武器。"而这温柔的武器中，最好用的便是这撒娇的手段。

会撒娇的女人总是特别有女人味，举手投足之间，总会让男人为之心动。《色·戒》中的王佳芝也是撒娇的高手，她打完麻将，对易先生说"是啊，老是输，就赢过你。"这种暗送秋波的撒娇，甜蜜噬骨，不仅仅是易先生，没有一个男人能抵御。女人总是希望得到男人更多的爱，只要会撒娇，男人给你的这份爱便如一泉井水，取之不尽，用之不完。

当你生气时，你可以尝试着不要保持金子般的沉默，而是握着一双小粉拳在男人胸口上轻轻敲打着说：我恨你。男人们不光不会生气，还会心疼地把你搂在怀里哄着说："好了，好了，别生气了，都是我不好。"女人这个时候，就可以小鸟依人状地伏在他宽敞的胸怀里了。

当老公劳累了一天回到家中时，你可以暂时放下厨房里的锅碗瓢盆，走到他身边温馨地撒娇道："亲亲老公，你回来啦，今天累不累，想死我了，来，抱抱……"然后把一双小巧的手搭在男人肩膀上，再来一个香喷喷的吻……女人这样撒娇，恐怕没一个男人愿意拒绝，相反，男人再累也觉得甜。

每个人都有撒娇的心理需求。这是一种亲密的表达，能够激起对方的疼爱。撒娇是一种智慧。俏皮的表情，可爱的举止，都令男人赏心悦目。女人能在爱她的男人面前撒娇，也证明了她爱这个男人。这样的情景常被我们称为打情骂俏，是亲密的表现。

女人要学会撒娇而不是要去撒野，面对一个整天发脾气的女人，男人只有一个想法，那就是逃离。

二、可心的女人释放最动人的风情

性感是女人独具的气质

什么是性感？性感的定义不是漂亮，也不是纯洁，而是一种气质，一种独特的气质，一种令人心醉神迷的气质。它是女人特有的东西，也是男人剥夺不去的权利。

性感，又是女人最难定义的。

女人的体型可以表现性感。从来体型与性感都是紧密相连的。一个体型迷人的女人，无论思考、语调、举手投足间都更细腻和更具感染力。

女人的神态产生性感。初恋的女人那微微的神态不但使两片桃花飞上脸，为眼神添上一份朦胧美及柔和美，亦能释放在办公室时紧锁的性感，让美自然流露。

女人佩戴饰物显露性感。相对于男人来说，女人的性感区有很多，如面庞、耳廓、手臂、修颈、前额、前喉等。喜欢在在脚踝部位带条脚链，在耳垂上扎个耳钉，在手臂上套臂环，在前喉部配条精美的项链，都能令女人的性感指数明显地飙升。尤其是把异国情调中那份遥远、充满神秘及诱惑等内化成美，对异性产生新奇的吸引。

女人的双脚是性感的发源地。女性的脚踝及脚部早已被性学专家认为是最重要的性感区。凉鞋及高跟鞋向来就是女性用以张扬腿部性感的武器。男性喜欢凝望女性穿着凉鞋时裸露的脚踝、穿高跟鞋时婀娜的姿态。

身着牛仔裤的女人能喷射出性感。牛仔裤广告都是以突出性感为亮点的，可见牛仔裤对经营性感的作用。除了卖牛仔裤的模特本身，牛仔裤广告经常投射的我行我素与性感妙曼的形象，其实某种程度跟性感都有份微妙的关系。为做牛仔裤广告的模特儿乃至曾经为某广告品牌深情地趴在地上做牛仔裤广告的钟楚红，都是穿了剪裁完美的牛仔裤而令性感指数速升的。

女人的顾盼生姿同样流露出性感之美。妩媚生姿与微丝细眼其实都是性感而充满诱惑的眼神。无论是忧郁的、伤感的、美妙的、喜庆的，还是天真傻傻的或眼中喷火的，只要有神韵有美感及充满怜楚，那秋波便是性感的发源地。

现代社会对女人性感的定义从丰乳细腰等转移到不被注重的臀部上来，丰满浑圆的臀部，更能使女性增添无数魅力指数。追求性感的女性在大忙面子工作的同时，千万不要忘记这那些容易被忽视的角落。

性感不是过分裸露，性感也不是大胆挑逗。真正的性感应该是：由身体开始，却由精神折射出来傲视一切独立自我的姿态。性感需要给人以很大的想象空间，需要一瞬间的停顿。

性感是上天赋予女人独具的气质，也是上天赐予女人最好的礼物。

女人，一个人的浪漫诗歌

如果，你要是认为浪漫是两个人的专利，那就大错特错了。

一个人也可以浪漫，尤其是女人，浪漫是她的专利。如果两个人的浪漫是心有灵犀一点通、此意绵绵无绝期的浪漫，那么一个人的浪漫就是任花开花落、任天高云淡的浪漫。在这个缺乏纯美爱情和心灵静谧的时代，在这个封建伦理固封柔情蜜意、扼杀独立个性的时代，在这个自我心灵空间如沉淀物般掩埋在浮躁狂朽之河河底的年月，很多女人选择并游弋于一个人的浪漫海洋中，所以，人海茫茫中多了很多动人的故事。

浪漫，跟世俗的定义不同。人世间没有完美的事物，有时，残缺的美更懂沁人心脾，惊心动魄。也不要用狭隘的目光去定义浪漫，那是对艺术的蔑视，对浪漫的残杀。就像为大卫穿上一件衣服，为维纳斯装上一个手臂；就像为蒙娜丽莎奇妙的微笑下一个定义，为天使的眼泪做一个装饰；就像一字一句地讲解一首玄妙无比的诗；一如光明有时是锁链，能让人的思想毫无反抗地消亡，而黑暗则是思想的催化剂，它“冻结”了眼睛，让你那不甘寂寞的大脑永远驰骋在幸福的海洋！

女人是一首美妙的诗歌，她能够制造出一个人的浪漫和一个人的情调意境，幻想是女人生命之源，也是女人浪漫的原点。

懂得生活的女人懂得浪漫，懂得幸福的女人理解浪漫！大多数的女人不喜欢眉头紧锁、表情僵直的“酷哥”，而更喜欢一个构建幻想之屋、纯粹快乐的艺术家！

女人的浪漫很简单，幻想着与所爱的人在一个烟雨濛濛的日子里漫步其中，把伞言欢，对雨当歌；幻想着与所爱的人漫步在秋风萧瑟的古宅庭院，共叙人生理想，共抒绵柔之情；幻想着与所爱的人在落英缤纷中充满深情的对唱情歌；幻想着与所爱的人系一叶扁舟，追随落花流水，云卷云舒；幻想着……真正的浪漫，很简单，不需要复杂。

幻想是时光漫步、驱除郁闷的彩虹，幻想是甜美可爱、拒绝呆板的精灵。因为幻想，生命充满了无穷无尽的色彩；因为幻想，时空仿若无限扩大。因为幻想，女人变得更加妩媚、可爱。

女人是一首诗歌，一首意蕴无穷的诗歌，一首只属于她一个人、一段情的浪漫的诗歌。一个人漫无目的地行走，塞上耳机，让歌声击退无聊阴郁的纠缠，是一种浪漫；一个人无所顾忌地吃饭，边吃边想快乐的事情，尽情享受美味，不必跟那些不喜欢的人开口说话，想怎么吃就怎么吃，想吃多快就多快，然后一擦嘴转身就走，不必理会任何人，自顾自得，那是一种浪漫；一个人在夜深人静的时候，在无边无尽的黑暗中，用思想去聆听满含情感的音乐，随心所欲，或哈哈大笑，或泪流满面，任情感主宰，还人性本源，那是一种浪漫；在一对亲热的情侣背后浅吟低唱，略感嫉妒但由衷地祝福他俩，那是一种浪漫。

女人是一首浪漫的诗歌，最浪漫的时候，应该是在恋爱的时候。当她恋上一个人，她就会汪洋恣肆地让幻想的浪花在柔情的心底起伏荡漾，制造出一种柔情蜜意的浪漫。当如歌的岁月在时光流转中与我们渐行渐远，当春风再度伴随春雨，当翻过那轻舞飞扬的那一页，当青春而善良的情感在岁月流水的过滤下沉淀开来，猛然回首，仍然能够窥见存留心底的影子，那是一份默默无闻而单纯美好的情感操守，浪漫之花在其中烂漫开放，绚丽多彩，动人心弦。

并非每个女人都具有浪漫情怀，它只钟情于那些温情脉脉并带有艺术情感的女人，也并非每个女人都愿意选择一个人的浪漫，它只伴随那些坚持守候自己心灵并拥有坚强、独立、完善、超然的情感品质和清净节操的女人。

女人，是一片云，就像一片徐志摩诗中的云，挥一挥衣袖，不带走一片云彩，浪漫，在女人最美的瞬间定格。

调情是女人身体的一部分

适度调情是爱情里不可缺少的一部分，这与年龄似乎没有关系。据一份研究报告表明，虽然男性在恋爱中常占据主导地位，但调情的权利一般掌握在女性手中。因为面对心仪的白马王子，女人会透过一些小小的举动或者表情传递爱情讯号，鼓励对方果断“采取行动”。其中，含情脉脉的、顾盼生姿的凝视，是女人最擅长的调情手段。

我们不能简单地将调情看成是一个充满色情的词汇，它是属于女人的专利，调情不是滥情，而是情感更含蓄的一种表达方式。懂得调情的女人，会更自信、勇敢、活泼、在两性互动中游刃有余，在生活上也更积极主动，勇于克服困难与挫折。一名记者曾经说过，有时，调情和表演有异曲同工之妙，都能使人暂时忘记拘谨的自我，久而久之个性就有了很大的改变。

调情的最好方式是在女人不经意间显露出来的。女人面对心目中的白马王子时，在眼光交汇的那一刹那，心头会像一只小鹿在乱撞，顿时心跳加速，双颊布满红晕。不经意间，低一下头，继而含情脉脉地荡漾出一个美妙的笑容。没有多少男人能挡得住这样的诱惑。对男人而言，最爱的便是女子那一低头的温柔，温润如水、欲言又止，胜却人间无数。每当此时，他的眼中只剩下你深情的眸子，也必然会以灼热的眼光、全心的倾慕予以回报。不仅是初恋时，即使结婚很多年，丈夫也一定会被这样含情脉脉的眼神俘获。

调情不是撩拨男人情欲的一个手段，而是使自己更加具有魅力的方式。独处时，不妨多一些小动作，多一些充满情调的面部表情，增加两人的接触与沟通。在交流中，妻子可以适时轻拍丈夫的手背，表示赞同他的意见；轻轻抚摸丈夫的头发，在他耳边柔声密语；让你俩的情感不时触碰，不时交流。

调情不是下流，更不是低级趣味。它是小小的、不易被人察觉的情感暧昧；它是不经意的、却充满深情意味的温柔。它使女人变得更加妩媚动人，使女人变得更加性感迷人，爱情中，小小的调情能增进彼此的感情；亲情中，小小的调情能拉近爱人之间的距离，让亲情变得更加动人，调情，也是一个女人俘虏男人的法宝。所以，懂得调情的女人是迷人，有时，小小的调情应该成为女人身体的一部分。

男人都是闻香识女人

香这个字很奇怪，似乎总与女人有着千丝万缕的联系。香水，香薰，香草等等，这些无不是女人喜爱的物品。

所以俗话说：闻香识女人。这话对男人来说尤其受用，

《红楼梦》中贾宝玉说，女人都是水做的，莫不如说，女人都是香水做的。这香水，永远都是男人做不完的梦，缠不完的情。

女人是香的，一个香字，隐隐地，淡淡地，就透出女人一股子迷人的味道来。或浓妆艳抹、或略施粉黛；或清新动人、或妖娆妩媚。这些都是独属女人的香。如“金陵十三钗”的女子一般，身着一袭艳丽的旗袍，就这么袅袅娜娜，摇曳生姿地缓缓走来，伴着吴侬软语，将杨柳般的细腰扭到艳香四溢。荧幕前的我们，也情不自禁地仿佛闻到了这股美妙的气息。

相对男人有着天生的吸引力，香既然跟女人有着千丝万缕的联系，那香无论做什么都是美妙的。读书人心目中最欢喜的，是能在家中不大的书房内，拥有一个古旧的铜制的小香炉，有三四个脚，有两个铜环；在里面，焚了一点点香，整间屋子就妙曼生香。就着这丝丝缕缕的香气，弹奏一段古乐，或是捧一本古书。听不懂、看不懂也不要紧，就着这氛围，稍事走一下神就好，感悟一份禅意，感怀一种古意，闻香断字，闻香生情。

闻香识女人，女人是一种香，香是女人身上特有的味道，香代表了女人，也代表了一种意境。

香这个字是如何都好的。好得那么讨巧，好得简直让人找不到一点瑕疵。不过千万不要用香装点一个人的名字。那么优美，那么有情感的一个字，加了春夏秋冬，成了人名，夏香？冬香？简直俗不可耐。当然，也有用成功的案例，像琼瑶写的《还珠格格》里面有个唤作“含香”的女孩，这个香字给她用来，又是让人感觉千般好，万般妙。“香妃”？仔细一想也是那倾国倾城的色呀，只可惜，演完香妃，这女子便随了那蝴蝶，到天边去了。可见，女人太美了也是不行，多少得有些烟火气，这样的美才能源远流长，耐得住考验。

女人的香，最是千姿百态，最是万般风情，闻香识女人，女人的香，是特有的香。

争吵，也是一门艺术

两个相爱的人之间发生争执或口角，这是在所难免的，吵个具有建设性意义的架，不但是发泄情绪的好方式，更可增进彼此之间的了解。但若是一味消极地攻击指责，甚至人身攻击式的谩骂，不但解决不了争端，反而会惹来对方的反感甚至厌恶。

对于他总是犯的错误，你可以毫无顾忌地疾言厉色：“在这件事上，你总是明知故犯，你难道就没有听过我的话吗！”对于他欺骗了你，伤害了你的感情，你要假装愤怒地对他吼：“你这样无情的对我，叫我以后怎么相信你！”对于他答应的事老是不办，这时，你不发脾气，他准会当你是个没脾气的人。他工作消极，不思进取，沉迷玩乐，你可以给他来个当头棒喝。

发怒吵架，千万要对事不对人，而且要收放自如，该闹则闹，该停则止，见好即收，点到为止，决不能无休无止，伤人伤己。有些女人一吵架就没完没了，愈吵愈过分！搅得四邻不安鸡飞狗跳，旁征博引猛翻旧账，从八竿子打不着的年月儿的记录吵到公元二千年以后，还意犹未尽，像这样的“大嘴巴”，所有男人都会望而却步的。

吵架是门艺术，要给自己留个台阶下，给对方留条后路，话不能说绝。不然，一不小心吵翻脸了，对你可只有坏处。也别当着众人的面争吵，让他觉得有损面子和男子汉的尊严。还有，虽说吵架无好话，但别评论他的家庭、人格或学历等无法改变的特质，唇枪舌剑，何必如此相“煎”呢？更不要人身攻击，满口脏话，既然相爱，何苦逞口舌之快，来损害苦苦经营起来的爱情呢？

记住，女人需要一些泼辣，但是不要太辣，就像胡椒一样，够劲又不伤胃。你纵使发怒，也要想办法充满美感。这杏眼圆睁、纤纤细指、杨柳叉腰、樱桃小口，姿势多曼妙的很呢！横眉竖眼披头散发，泼妇骂街歇斯底里，只会破坏你在他心中的淑女形象，使他对你产生厌烦心理。

和男人相处要像揉面一样，力道适中，黏度适中。

有时你需要给他系上一条绳子，让他知道还有牵挂；有时，你也要给他足够私人的空间，任他去干自己的事业。如果你整天黏着他，让他陪着你，他会觉得自己就是笼中鸟，毫无自由；但是，过分的放纵他，平原纵马，易放难收，他可能会忘了回来。忘了还有你无边无尽的牵挂。

小吵怡情，大吵伤情。跟自己喜欢的男人偶尔吵吵小架未免不是好事，这会使他意识到你还深爱着他，这会使他心里充满感激和安慰，充满不安和自责，所以，既然爱，就不要过分内敛，也不要过分放纵，偶尔吵吵小架，让你们的爱永远处在保鲜期内吧！

感性是女人最性感的风姿

贾宝玉说，女人是水做的。那么水应该是感性的，相对于男人的理想而言，感性是女人最性感的个性。

“我家小君永远天真可爱，想法千奇百怪，吃着吃着汉堡包突然说怀念煎饼果子的味道，大半夜一觉醒来会突然说要上晾台跟月亮姐姐见个面！逛街也不知道她到底想买什么，东看看西看看，什么都想买，最后什么都没有买。唉，拿她没办法！”

“我家萌萌也是一样，虽然已经结婚五六年了，却一点都没有老婆的样子，还是像以前一样，就连她的个性签名都没有改过，永远的年轻，永远的装嫩，永远的不妥协，永远泪流满面，和曾经的她一样任性，不可理喻，就连她见了我这个老公也永远一副情人样！真让人捉摸不透！”

当然，不要以为这两个男人真的头疼，娶到这样的女人，他们心里其实高兴得很。因为，他们恰恰欣赏的，就是女人们天真感性的一面。

男人是理性的，与理性相对的是感性，由于他们长期生活在理性之中，所以，对感情他们充满好奇，感性也对他们充满诱惑，女人们的感性恰恰满足了他们的好奇心理，所以在他们的眼里：天真感性的女人最美丽最可爱，可以说，感性是女人最性感的个性。

我们都会发现一个很有趣的现象，高级写字楼里那些看上去精明能干的白领主管往往很少有人过问，大学讲坛上那些博学多才聪颖睿智女先生令男人望而却步，相亲派对时那些侃侃而谈博古通今纵横五千年才华横溢的女学者绝对不会让男人有见下一面的冲动……这些过分的理性，掩盖了女人温情脉脉的本色，使她们失去了属于她们的最宝贵的性格。

所以，贾宝玉会说：我不爱宝姐姐，我爱林妹妹。

其实他心里面真正的想法是：宝姐姐理性，但林妹妹感性。

女人，如果学不会感性，尤其在男人面前的感性，那离完美的爱情还很远很远，因为，真正的爱情不需要强烈的理性，而更需要不顾一切的感性。

女人的性感很难定义，不见得非要天使的脸蛋魔鬼般的身段，对着悠远浩渺的星空说一点天长地久，也是一种性感，一种外在形象的性感。

女人，如果遇到了一个心目中中意的男人，千万别忘了让自己性感一点，外加感性一点。这样，你才能将女人的千娇百媚挥发到优雅的极致。

俗话说，“不必做漂亮的女人，不必做高雅的女人，但一定要做个有女人味的女人!”

所有的女人都有这样的目标，但是，“女人味”到底是什么味儿?答案就在你的感性中告诉了你。

一滴滴眼泪，一份份真情

如果对女人来说，性感、感性这些是制服男人的外在武器，那么眼泪就是制服男人的致命武器。

我们说眼泪是制服男人的武器，并不是说要动不动就落泪，过多的眼泪，不但无法引起男人的怜爱，反而使男人对你的哭泣产生厌恶感，甚至产生逆反心理。

看到悲惨的小说或影片，哭得像个雨人，他会知道你有一颗善良脆弱的心。大吵大闹时，他口出不逊、说了重话，或者他有了别的心思，都是流泪的关键时机。特别是两人闹矛盾闹得不可开交时，与其硬碰硬，两败俱伤，倒不如适时运用眼泪攻势化解僵局，用眼泪去融化男人的心。很多时候，泪水可能是战争的终结者。

眼泪，是用来表达忧伤或愤怒，不是用来凸显你的任性与蛮不讲理。不要他一不遵照你的意愿，或是你的要求没有得到满足，就泪眼婆娑。他忘了送巧克力，你就哭闹；他约会迟到，你又哭叫；他不陪你逛街，你还是哭哭啼啼，这样的眼泪是廉价的，只会成为男人的负担，最后直至把他吓跑！那这时候，眼泪就是你情感的敌人了。

号啕大哭，既粗俗又肤浅；梨花带雨，较能引发男人的疼惜。泪珠盈眶却努力挤出一抹笑容，表现强颜欢笑的凄美，最叫男人心动。把面子抛开，任由泪水在脸庞上滑落，故作坚强的柔弱，尤其令男人心疼不忍。

如果说女人是魔术师，那么我想那一张张变幻莫测令男人们晕眩的脸谱我想多数是依靠她手中的魔杖——眼泪才得以实施的。

都说女人是水做的，如果女人是水的话，那也应该是地底深处的清泉，没见她清澈柔弱得令男人窒息？尽管她温柔无限，然而她可以承受任何你根本无法想象的来自生活与命运的压力，包括爱情、亲情、友情甚至突发而至的种种灾难等等。这水一经她的泉眼中涌出丁点儿，将让整个世界变得绚丽多彩。“梨花带雨”、“冰壶红泪”、“泪痕红浥鲛绡透”这些古代人的描述都是对女人眼泪的最好诠释。只要她一落泪，世界上就会多出许多耀眼的明珠——这虽然是一句神话，但是大多数男人都深信不已。

一个聪明的男人把女人的眼泪当成是珍藏的艺术品其价值不菲；一个生活的男人把女人的眼泪说成是黯然伤神的美酒，喝了就醉；这个世界上，只有愚昧的男人把女人眼泪不经意地看成是凉水一杯。

女人在大千的世界上流泪，世界因女人的眼泪变得大千的美。

有时嫉妒也是一种风情

嫉妒不是一个贬义词，温情的嫉妒是一种风情，是一种含情脉脉的美。

一个不懂得嫉妒的女人，就像掉到地上弹不起来的皮球，令人感到乏味。

真正的爱，同样需要嫉妒，这嫉妒不等同于伤害。

对于爱的嫉妒，日本著名作家有岛武郎有过极精辟的见解，他说："爱的呈现也许是毫不保留的给予，但爱的本质却是百分之百的夺取。"也就是为这种强烈夺取的占有欲，以致让相爱的人患得患失、食不下咽、夜不能寐、忐忑不安。

无论你是一个女人，还是一个男人，在情感方面都不需要隐藏嫉妒和不安，相反，适时而恰到好处的嫉妒，可以证明你对他的爱与重视，满足他的虚荣心，让他享受一下被另一半醋劲"宠爱"的滋味。

有的时候，小小的嫉妒还是生活的调味剂呢！

"早上，你为什么对她笑了三次？"他的一举一动、一颦一笑都如此牵动着你的心。

他的同事总帮他打扫卫生、端茶倒水、买饭盒，你大可酸溜溜地说："她为什么对你这么好？是不是对你有什么意思"这话也许听起来酸溜溜的醋味十足，但是让他感到幸福，因为你是在告诉他，对他好，是你的专利。

“你怎么可以叫别的女人宝贝儿呢?”也许，宝贝儿只是他的口头禅，那么，你这话的意思会让他很明白，以后“宝贝儿”是叫你的专有名词。

女人的嫉妒更是天生的，小小的嫉妒不是打翻了醋坛子，小小的嫉妒是可以原谅的，它会使得你们的爱更加恬美。

偶尔，你可以霸道地要求他：“不准你偷瞄别的女人，不然，我以后会要你戴眼罩出门哦。”或者，“不准在我面前提起别的女人。”因为爱得太深，以致无法承受言语之轻，这种醋意，肯定会让对方心里美滋滋的。

嫉妒，让他有被爱的感觉，猜疑，则会使对方感到被束缚、不被信任。因此，你可理直气壮地要求他不准偷看女人或对其他女人笑，但别太疑神疑鬼，任何一点风吹草动，就以为对方要变心，这种过度的猜疑，只会沉淀成感情的阴影，最后，扼杀掉彼此的爱。

没有一个男人可以抗拒女人的嫉妒，因为嫉妒也是一种爱。

平凡的浪漫才是恒久的浪漫

我们身边的每个人都在追求浪漫，在我看来，浪漫极为平常，不需要苦苦追求，更不需要别人施舍。它是一种方式，一种爱的方式，一种爱的升华。

我们经常将浪漫和俗套混淆。在我们的意识里，古板的浪漫都是这样的：花前月下，卿卿我我，彼此对着皎洁的月亮许下心愿，互相交换定情信物；通俗的浪漫求婚方式是这样的：一个英俊潇洒的男人手里捧着一大束鲜艳的玫瑰花，在众人的簇拥下，单膝跪地，向深爱的女孩表白；再不然就是那俗套：两个彼此深爱的人因为某种原因而分开，一个偶然的机会二人在一个陌生的城市相遇，然后又续写他们未了的情缘。

浪漫，一个听上去令人神魂颠倒的词语，但是，浪漫过后，我们又能发现什么呢？我们看到了平凡，平凡的生活，平凡的人，平凡的琐事，平凡的情感。平凡前的浪漫不叫浪漫，更应该叫激情，而平凡之中、平凡之后的浪漫，才是真正的浪漫，才是能融合彼此的浪漫。

在生活中，两个陌生人走到一起时，他们首先看到的是对方身上的优点，只有对方的优点才能使双方产生吸引力，就像两块磁铁一样，双方被这有点吸引到一起，进而他们的感情越来越浓，在激烈的情感碰撞中得到升华。但是随着彼此了解的加深，随着时间的推移，他们不再神秘而不可测，缺点逐渐暴露出来，周围的人和事也褪去了神秘的面纱，呈现出平凡的本色。其实，这才是真正的生活，真正的平凡。如果试想着在这平凡中加入少许的浪漫，那就会带来幸福。一切都在改变着，唯一不变无穷的快乐，因为这一点点浪漫，两个人的爱才会进一步升华；因为这一点点浪漫，两个人的爱才经得住考验；也因为这一点点浪漫，两个人的爱才会恒久，才会真挚，才会不掺杂一点虚伪。所以，在两个人的世界中要懂得浪漫，懂得制造浪漫，而不是把浪漫当成一种日常的习惯，一种固定的模式，在平凡中制造浪漫，才是对浪漫的最佳定义。

浪漫的真谛是什么？浪漫很简单，就是让普通的生活充满激情。在现实生活中给对方最朴实、最完美的感动，从你深爱的那个人做起，从深爱你的那个人入手，只有理解平凡中的浪漫，才能真正学懂浪漫的真谛。

三、女人的聪明比美丽更可爱

才情兼备的女人有气质

林徽因秀外慧中、多才多艺，多少人被她的气质所打动。胡适称赞她为一代才女，美国著名学者费正清曾这样形容她：

“林徽因就像一团带电的云，裹挟着空气中的电流，放射着耀眼的火花。”

她，饱含着绝代浪漫绝代痴的佳人情愫，一生被众多的爱慕者所群星环拱。浪漫诗人徐志摩对她痴狂，为她开中国现代离婚之先河；建筑学家丈夫梁思成视她为不可或缺的事业伴侣和灵感源泉；逻辑学家金岳霖因她不婚，将单恋与怀念持续终生。

她是具有杰出的审美能力的艺术家，座上客总是忘我地听她品评艺术真谛，融会中西。

她写得一手好诗，是才华横溢的女作家。以她为中心，聚集了一大批当时中国的第一流文化学者。

《诗·小雅·斯干》中说：“乃生男子，载寝之床，载衣之裳，载弄之璋。乃生女子，载衣之裼，载弄之瓦，无父母贻罹。”意思是说：生了儿子，给他穿漂亮的衣服，让他玩玉器；生了女儿，放在地上，让她玩纺锤，不让父母担心就行了。在古代，女人无才便是德，女子只是学一些女工之类的便是好女子了。而如今，女人的地位有了翻天覆地的变化。她们不再局限于家庭的那一小片天地，她们的眼界变得开阔和长远，她们的世界变得更加宽广了。

杨澜，用知识不断提升着自己的魅力；

靳羽西，在打造美丽的同时也成就了自我；

张欣，与丈夫携手一起在建筑业打天下。

这些才情兼备的女人，正在用她们自己行走人生的感悟，为现代女性树立了生活的样本。

虽然说每一个女人都有自己的活法，每个女人所需要的也不尽相同。但是，有气质的女人总是有着某种共性。她们都是聪明的女子，不会将自己仅仅圈限在柴米油盐中，她们总是才情兼备的。情感生活中，她们经营得不徐不疾，自信自在，如演一曲流畅温婉的小夜曲；在事业工作上，她们积极肯干，兢兢业业，自信地穿梭、周旋于各种社会关系中。她们是在情感、事业、家庭和生活之间温暖自己也温暖别人的女子。

似水流年，青春难再，女人的花容月貌终会随着时光渐渐老去，唯有气质可以长久不衰且与日俱增。聪明女性要想有气质，就要把自己培养成才情兼备的女人。

最诱人的女人是知性美的女人

最诱人的女人，当属知性美的女人。知性女子心性如花，雅俗共赏。她们内外兼修，感性与理性兼具，热情不多，冷静不余。这样的女子，总是淡淡的，就好比静栖一处的花朵，于不经意间绽放，或如兰草，娴静淡雅，幽香淡放；或如玫瑰，热情娇艳，迷人多姿。时刻给人惊艳。

著名主持人杨澜在《天下女人》中说：完美的女人有三条：第一、貌美，她在我的审美标准中是美的；第二、高贵感，不是指贵族气质，而是她有知识、有修养；第三、性感，不是指搔首弄姿，而是一种女性魅力，一种从内而外流露出来的气质。知性女子想必就是这样的女子，她们是成熟的，智慧的，大气的。事业上，她们总能找到自己的定位且尽职尽责，通常都有很好的发展，但又不同于世俗意义的女强人。她们充满职业性的魅力，却又能上得厅堂，也下得厨房；感情上，她们是丰富的人，会感动、会流泪，却又能理性地分析是非对错；生活上，她们关心家人也关爱自己，凡事都有自己的主见，为人处事干净利落；自我修养上，她们谈不上饱读诗书却喜爱读书，充满内涵。

知名作家素黑是位知性女人，她的作品总能给人细致入微的贴身感受，让人透过市井的凡尘烟火，是是非非，用心感受着爱情的酸甜苦辣。无论是《好好爱自己》中的智慧，还是《一个人不要怕》中的睿智，素黑都以俯察的姿态道出爱情的本质与态度。无关宏旨，却格外熨贴人心。这种知性的圆润通透来自于溶于世俗之中的体察，站在世俗之外的高瞻远瞩。她懂得任何时候都为自己留一片纯净的天空，快乐得像个天使，哭泣时像个孩子。

余秋雨先生在陈鲁豫《心相约》里作的序，把陈鲁豫知性的特质描述得淋漓尽致："摆在她面前的采访目标，拿出任何一个来都会让最有经验的男性记者忙乱一阵，而她，却一路悠然地面对难以形容的约旦河西岸、佩雷斯、拉马丹，勇敢激愤地与伊拉克海关吵架，眼泪汪汪地拥抱在战火中毁家的妇女，企图花钱靠近萨达姆，直到在伊朗一次次与宗教极端主义的行为辩论……"

这些知性美的女人，都有着孩子般的单纯，又不同于孩子似的单纯。她们感性却又不失理智，活泼不失文静，乘兴而来，兴尽而归。尤其是那份仿佛置身世外的闲情逸致，在繁华与沧桑间更能撩人心弦。无须羞花闭月之容貌、语出惊人之博学，知性女子的美由内而外透着诱人的气息。

知识撑起女人的半边天

一个善于利用知识去实现梦想与事业的女人，比那些依赖丈夫生活的女人更有女人味。因为女人不应仅仅属于家庭，她首先要属于自己，然后才是家庭，这样的女人才是真正智慧的。

杨澜，中国电视节目主持人及企业家。在她出生后不久，父亲便去了国外公干，母亲则到干校学习，杨澜只好跟着外婆在上海生活。在上海，杨澜度过了自己的童年，她总是因为做错事而被外婆唠叨，也常常因为跟小伙伴争执而哭哭啼啼。

上中学时，杨澜并不是那种聪慧过人的女孩，也不是那种巧解难题的高手，但她有股认真劲儿，她颇为自豪的是：考试时基本分上她从来一分不丢，地理历史这种需要死记硬背的科目，随便问哪道题，她马上就能说出是在哪一页上。凡是老师布置的作业，她没一样不是完成得仔仔细细。

上了大学之后的杨澜骨子里是一个缺乏自信的人。她曾经因为听力课听不懂而特别沮丧，看见别的同学听力都能得A，而自己老是得A^-，B^+什么的，这让她非常苦闷，但她每天晚上都在日记里写上：明天开始我要有一个全新的开始，一定要充满信心地把自己的听力提高上去。果然，半年多之后，杨澜的听力慢慢提高了。她曾经说："我经常觉得自己不是一个有才华和极端聪明的人。"

尽管没有出众的外貌，没有过人的才智，但是她却有一份早熟且强大的内心。她一直告诉自己，要获得好生活，就要不断努力。外貌是天生天养，不能改变，可智慧却能够不断积累。于是，杨澜在之后的人生路上，一直不断学习和突破，最终在未来的人生路上破茧成蝶。

一个女人的美丽并非一个单以容貌为准的概念，它更多地代表着知识、智慧、气质、修养、思想等诸多内在含义。有时候，女人的聪明比外貌美丽更可爱。女人若想撑起自己的一片天空，知识的角色是不容忽视的，

具备知识的女人，她们以聪慧的心，宽广质朴的爱，善解人意的修养，记载美丽的含义。知识， 让她们获得了自己的事业，保持经济独立性；知识，使她们更神采奕奕，为她们在脂粉的娇容上更添风韵；借助知识这个工具，女人为自己打造了一个和谐、幸福的家庭氛围。知识，让女人变得更快乐。知识撑起女人的半边天。

读书：丑小鸭才能变白天鹅

女作家毕淑敏曾说：“日子一天一天地走，书要一页一页地读。清风朗月水滴石穿，一年几年一辈子地读下去。书就像微波，从内到外震荡着我们的心，徐徐地加热，精神分子的结构就改变了、成熟了，书的效力就凸现出来了。”女人不可不读书，世界因女人的存在而美丽，女人因书籍的滋养而变得更加聪慧。会读书、多读书的女人，丑小鸭也会变成白天鹅。

女人想要外表美丽，要依靠护肤品，护心则需要书籍。书籍是女人护心的永远的保护品，而且没有失效期。近年来医学研究发现，读书是一种不仅保持精神愉悦，而且能促进身体健康的有效方法。对女人来说，世界上内外兼护的东西唯有书籍。在读书时，人能把浮躁的心情宁静下来，减缓了郁闷的情绪；狭窄的视野也会变得开阔，尤其是女人不再局限于芝麻大的生活琐事上；使人正确理解生活中的成功和失败，得意不忘形，失意不沮丧……书海就像一个百花园，随时供给女人精神上的营养，帮助女人性情上的修养和内心世界的充实。

书籍还是女人保持魅力的魔法棒，一个紧跟时代潮流步伐的女人，她的身上一定从里到外都散发着迷人的书香气息。

宋朝的黄庭坚曾经说过："三日不读书，则义理不交于胸中，对镜觉面目可憎，向人则语言无味。"读书帮助一个女人博彩，最见于高谈阔论之中；英国的培根说："阅读使人充实，会谈使人敏捷，写作与笔记使人精确……史鉴使人明智，诗歌使人巧慧，数学使人精细，博物使人深沉，伦理使人庄重，逻辑与修辞使人善辩。"读书帮助女人增长才气，最见于处世判事之际。女人多读书，会潜移默化地滋润气质，所谓"腹有诗书气自华"，再由"心"到形，"相由心生"，从而改变女人的容貌，使女人的目光变得有神、深邃，举止高雅。好莱坞著名影星简·方达说："书香是最好的美容剂。"这种美丽，能让丑小鸭变为别人眼中的白天鹅。

书籍丰富一个人的有限人生。读书不能改变人生的长度，但可以拓展人生的宽度。有这样一些女人，她们喜欢读书。她们穿着普通的衣着，素面朝天地站在图书馆门口或者坐在草坪上，在这浓妆艳抹的女人中间，她们反而格外引人注目。这些女人知道，人生在世，除了漂亮的衣服、华丽的首饰之外，还应有自己的精神生活，她们选择了从读书开始。

容颜易老，韶华易逝，这些爱读书的女人走到哪里都是一道美丽的风景线。那是静的娴淑，动的优雅；那是坐的端庄，立的洒脱。她们像水一样的柔软，像风一样的迷人，像花一样的绚丽……

品位来自知识，格调在于读书

如果说性感妩媚是女人的外在美丽，那么品位格调则是女人内在价值的最终体现。我们可以从一个女人的品位中看出她真正的价值，也可以从一个女人的格调中评断她是否优雅，举手投足流露出来的品味和格调，成为女人身份的一种象征。

一个女人拥有了品位，等于享受了增值的自我；一个女人表现出格调，则意味着成功了一半。女人的品位和格调无定式可循，无形式可遵，它们只是从骨子里淡淡溢出，然后慢慢释放。处乱不惊的宁静心态，笑对人生的淡薄情怀，不因富贵平添奢华与浮躁，也不因贫寒徒增寂寞与烦恼……举手投足间，她们始终流溢出自然、从容、优雅的韵味。

品位是一种生活态度，也是一种无形的智慧和财富。有品位的女人，她们更善于学习，思考，懂得知识的重要性。她们知道，是知识使自己变得优秀，是知识帮助自己拓宽了视野，丰富了情感，从而变得温文尔雅，底蕴厚重，心态平和，境界升华。一个有知识的女人，就拥有了有品位的心灵，如水晶珍珠般洁净，能在家庭中放飞责任与快乐，能在装扮自己时闪耀时尚和美丽，能在生活中显示淡定、释然。由内而外，深入人心。

格调是一种修养，洗练出超凡脱俗的优雅情调。所谓的格调，是综合了一个人的文化修养、道德情操、性格、意志、情感等诸多精神因素的一个范畴。走在拥挤的人群中，有格调的女人总是那么与众不同，你会一眼便发现她。许多女人虽然拥有美丽的外表，但不能代替她们低俗的格调。有格调的女人，内涵丰富，足可以覆盖外表，甚至突破年龄的残酷界限。这就是为什么很多女人虽已发如霜雪，但仍看上去那么迷人的原因。有格调的女人美得透彻，美得极致，美得深入骨髓。没格调的女人，则像一个美人空壳，空具美的形态，却无美的韵味。有格调的女人对读书分外热衷，她们喜爱读书，有独立的思想和人格，决不会人云亦云、随波逐流。在喧嚣的人群中，她们也许会沉默，但她们拥有着不俗的内心。她们有丰富多彩的内心世界，不会让无聊、平庸的事情来破坏自己平静的生活。在繁华浮躁的现实中，她们总能让自己的心归于淡然。当随着时间的推移，生活的磨练，岁月的雕琢，会让女人的格调愈发成为一种暗香，淡淡残留。

女人的品位来自知识，格调在于读书。鲁宾斯坦说："评价一座城市，要看它拥有多少书店。"评价一个女人也如此，要看她读过多少书，在书中品味过多少他人的酸甜苦辣。多读书，有知识的女人，品行和智慧都写在女人宁静的心里，待人们慢慢品味和欣赏。

梦想在前行，女人不能停

美籍华人靳羽西，世界著名电视节目主持人、制作人、化妆品王国皇后、畅销书作家、慈善活动家。一个善于把自己的幻想和奇妙的梦境编织成现实，并以此征服世界的人。

她，第一个被称为“将东西方联系起来”的电视记者，当年制作并主持的104集电视系列片《世界各地》使中国人第一次通过电视了解了世界。这不仅推开了中国人看世界的第一扇窗子，也是推动了美国人重新发现中国的先行者之一。因此，在一定程度上说，靳羽西是中国改革开放以来沟通中西，让“世界了解中国，中国了解世界”的第一人。

主持退隐后，她又开始追寻另一个梦想。这个梦想就是为亚洲女性做化妆品，在外国品牌充斥中国化妆品市场的激烈竞争中，靳羽西一直用自己的梦想支撑着巨大的压力。虽然累和苦，但是她从未放弃。

这是一个因活在目标与梦想中而变得魅力无穷的女人，这种女人在任何时候都是最美丽，最迷人的。

一个女人，脑子里不能老想着房子、车子、时装、男人和放纵，这样的女人缺乏灵性也老得快。一旦红颜不在，内在的苍白和俗气就将暴露无遗。女人，只有一种长期精神的追求、熏陶和积淀下才能练就一颗诗意的心灵，才能挖掘青春的灵性，才能于光阴的两岸，在生命的匆匆流逝中，把青春永驻心田。

而梦想，恰如女人幸福的衣衫，有梦的女人总会显得浪漫而多彩，她们可以时时刻刻用一些细微梦想来充实自己的生活。

说起女人，也许这样的女人最让男人心仪。她们有浓浓的梦想，有淡淡的心境，她们在家里的厨房和自己的梦想之间赛跑。虽然辛苦了点，可是更值得敬重。这些女人也因此变得更加浓烈和迷人。

梦想在前行，女人不能停。失去目标和梦想的女人总会老去的更快，因为除了容貌她已经别无所依。一个女人如果有梦想和目标，并时刻为之努力不息，即便到了40岁、50岁的时候，她看起来也还是年轻的，因为她身上永远闪耀着青春的活力。

在女人的一生中，女人可以选择成为攀着男人躯体仰望天空的藤蔓，也可以选择站在男人身旁一株挺拔的树，后者更让人尊敬和爱慕。女人，要学会把梦想当作自己的翅膀，在生命中留下痕迹，从此永远不再老去。

女人腹有诗书，才能蕙心兰质

杨绛，钱钟书先生的夫人，中国著名学者和作家。她毕生从事文学研究和写作，出版过长篇小说《洗澡》，散文集《干校六记》、《将饮茶》、《杂写与杂忆》，翻译过《堂吉诃德》、《吉尔·布拉斯》、《小癞子》、《斐多》等经典名著。

她腹有诗书，一直在写作的路上。不仅她自己写，她更支持丈夫钱钟书先生的写作。一次钱先生说："我也要写一部长篇小说！"杨绛马上赞成道："好！好！你赶快写吧！"当时他们的生活很拮据，如果钱钟书少教几节课，空出时间写书，钱便挣得少了。杨绛便把保姆辞退，一个人担负做饭、洗衣服等家务，只为省点钱，少一份支出。

那段艰难的日子，却是钱钟书创作的高峰。他写出一段，就给杨绛讲一段，钱钟书笑，杨绛也笑，这便是钱钟书唯一一部长篇小说《围城》的诞生。每个人都能说出《围城》里那经典的一句话，却很少人知道它的诞生与杨绛对钱钟书的理解与支持是分不开的。

这位聪明的女人，成就了自己，也成就了丈夫的辉煌。虽然她现已经高龄，但仍遮挡不住她的繁华。钱钟书先生曾这样评价她："最贤的妻，最才的女。"钱钟书婶婶对杨绛评价说："上得厅堂，下得厨房；入水能游，出水能跳。"

伏尔泰说："美只愉悦眼睛，而气质使灵魂入迷。"一个女人善良、机智、成熟、自尊；但若知识广博丰富，思想深刻充实更能蕙心兰质，让人着迷。

腹有诗书的女人人生更乐观向上，而不颓废放纵，待人真诚而不虚伪；举止从容而不轻薄；性情平和而不浮躁。她们自尊自信，但不狂妄自大；温柔体贴，但不软弱屈从。腹有诗书的女人自己拥有高雅的爱好和情趣，也能为家庭营造一个平静的环境，她们会尽力“演”好每一个角色，好女儿、好妻子、好母亲、好职工。

多读书，多思考。让知识改变气质，让气质使灵魂着迷。

不能变年轻，就保持心不老

每个女人的心中都有属于自己的美梦，那些奇妙的、瑰丽的梦幻，就好像海滩上漂亮的彩石，陶醉着心灵。可是女人总是又怕，怕岁月匆匆，时光飞逝，转眼消失了娇艳。世界就是如此，不会因为恐惧而走得慢些，再慢些，女人能做的只能是起步飞扬，保持心不老。

在一般人的观念中，总认为保养、装扮、训练等可以提升女性的魅力，甚至认为这些就是女性魅力之本，然而，这些终究只是塑造女性魅力的技术性手段和方法。事实上，正如我们所感受到的：任何有魅力的女人，她必定是有内秀的。

内秀的女人，虽然消失了美丽的容颜，增生了华发，却依然心地纯净，乐观向上；崇尚知识，追求文明；热爱自然，热爱艺术；恪守规范， 摒弃庸俗。她们的心永远不会老。她们一直在追求着自己的追求。

现代女性明白，美貌是短暂的，时间是飞逝的，更是无情的。只靠天生丽质，终究抵不过时间的冲蚀。女人应该将“不再青春”的定义去做一个改变。它不仅是指美貌的逝去，而且是指因为知识、心态和能力等原因，心理、观念、感觉呈现老态。当女人明白了这一点，就会懂得时刻学习新知识，更新观念的重要性，也会更加懂得把握时尚，懂得保持一颗年轻的心，也就不会担心岁月的残酷压力了。

英国73岁的老夫人塞尔芬是模特儿界的大红人，一系列新潮服饰邀请她担任形象代言人。其中一名邀请塞尔芬拍广告的商人弗莱彻说：“塞尔芬保持了古典的气质，而且有惊人的魄力。对于一位充满人生经验的人来说，美丽是没有时间限制的。”

别林斯基曾说过：青春在人的一生中只有一次，青年时代要比其他任何时代更能接受高尚的和美好的东西。谁能把青春保持到老年，不让自己的心灵冷却、变硬、僵化，谁就是幸福的人。世界上没有一种化妆品能够真正留住青春，那真正能留住青春的是什么呢？那就是拥有一颗年轻的心。使微笑一直绽放在脸颊，远离烦恼和忧虑。以快乐、平和、乐观的心态度过每天，爱名川、爱大山、珍惜自然……

做一个聪明女却不做一个精明女

很多女人很精明，总能算计到一切：朋友为什么背叛了自己？男友在外面交了些什么朋友？上司对某女同事为什么比自己好？她们处处计较，时时算计。

这些看似聪明的女人其实都很愚蠢。她们总被生活牵着走，为了一点小事，就会歇斯底里，这种女人就会老得很快。女人要聪明，但不要精明。虽然只有一字之差，但是概念不同，聪明同时强调了两个方面的内容：耳聪、目明，既善于聆听又善于观察，她们总能给别人亲和却又利落的感觉。而精明的女人，虽然脑瓜灵，嘴灵，却容易给人心机重、世故的感觉，甚至还会被人贴上耍小聪明、搞小动作、自我感觉良好、盛气凌人等的行为标签。女人永远明白：要聪明，而不要追求精明。

王小姐是一位“海归”，有着洋气的外表、流利的英语、出众的能力，但是她在一家公司干了两年半，却屡屡得不到提升。一次同事聚会，喝醉了酒的同事告诉了她原因——虽然她业务能力强，领导也很想重用她，可是每次完成任务她总是太过于强调自己完成的那部分，完全忘记了领导和同事的帮助，把一切计较太清楚。领导觉得她心高气傲，同事觉得她太精明，不好相处。

鲁迅先生曾说：一个人不通世故，固然不是好话；但说他深于世故，也不是好话。太过精明容易让一个女人失去了原本的可爱、大方、温柔等充满了弹性的这些特质，变得如石头一般坚硬且不容易靠近。

而聪明的女人则不同，她们会有一种灵气，八分智慧，两分糊涂。她会利用空闲的时间多运动，因为她知道，事业成功的前提是先有一个健康的身体；她会多看有益的书籍，修心养性，因为她知道“腹有诗书气自华”，聪明的女人会给男人一种欣赏与佩服；聪明的女人会让男人做家庭的主导地位，她知道做一个小家碧玉型的女人会很幸福；聪明的女人喜欢用忙碌的工作来充实自己，因为她知道，经济基础是她保持自信的秘密。

女人多聪明，但要少精明。聪明的女人最可爱。

四、淡定是最深的女人味

浮世繁华终将散场

印度诗人泰戈尔有诗句：“生如夏花般绚烂，死如秋叶般静美。”

人生是一个从绚烂归于平淡的过程。生，便如夏花，极尽绽放。死，便如秋叶，退掉了浓郁的色彩，安安静静，寂然飘落。浮世繁华终究有落幕的刹那，每个人的生命都是一个短暂的数字，所以明白一切都不过是空，还不如远离了喧嚣，尽归于平淡之中。

现代著名的女作家张爱玲，对繁华的虚无便看得很透。她的小说总是以繁华开场，却以苍凉收尾，正如她自己所说："小时候，因为新年早晨醒晚了，鞭炮已经放过了，就觉得一切的繁华热闹都已经过去，我没份了，就哭了又哭，不肯起来。"

其实，纸醉金迷只是一具华丽的空壳，别墅豪车只是虚荣心的外貌，在珠光宝气的背后通常是无止尽的辛苦和劳累。沉迷于荣华富贵的人通常没能好好享受人生，不停追求的结果是浪费了宝贵的生命，在繁华落尽时终究会备受煎熬。

宋代诗人苏轼曾写过一句诗："人似秋鸿来有信，事如春梦了无痕。"人世间的事情有一些是可以掌控的，预料的，就像秋鸿，季候到了应该应约而来；而另一类事物，犹似春梦，梦醒了也跟着忘了，只是留下朦胧美意，了无痕迹。春梦了无痕，一切皆是"无常"，何必为一些人、事、物所烦心，忧扰。

南怀瑾先生在《论语别裁》中写过这样一个故事：

子夏问曰："'巧笑倩兮，美目盼兮，素以为绚兮。'何谓也?"子曰："绘事后素。"子夏问孔子，诗经中这三句话到底说些什么。孔子告诉他"绘事后素"，绘画完成以后才显出素色的可贵。

人生何尝不是如此，等生命走到尽头转头再看，尘世的繁华享受也都不过是虚无一场，有生必有灭，有聚必有散，有合必有离，有舍必有得。世间繁华就像童话里的红舞鞋，漂亮、妖艳而充满诱惑，一旦穿上，便再也舍不得脱下来，只能疯狂地转动舞步，即使内心充满疲惫和厌倦。当生命的舞会到达终点，脱下红舞鞋时赫然发现，一路的风光和掌声结束后，留下的只有说不出的空虚和疲惫，除此之外，别无他物。

繁荣过后终究要散场，唯一不变的东西就是变化，一切皆无痕迹般地溜走。只有内心清净如水，淡然若菊，才能得到幸福。

追求内心的一份平静

奥修说：如果没有静心，所有的关系都将是一场灾难。

是的，女人在一生中要经历多少比较、妄想、欲望、贪婪、诱惑……若一个女人失去了平静的姿态，那么要承受多少难过、痛苦、彷徨、失望……唯有静心，才可以让我们的生活变得更真实、更平淡、更温暖。追求内心的一份平静，永远是女人要学习的课题。

妙峰善禅师曾说：“来也如是，去也如是，来去一如，清风万里。”这种来去自由，不会骚动我们内心的平静的人生状态是每个女人都想得到的。可是往往求而不得，只因我们在面对世间万物时起心动念。今天我看见一件漂亮的衣服，若不买下它，我便夜不能安眠；今天，同事居然在洗手间和别人背后谈论我，等找机会我一定要质问她；今天，老公没收拾房间，回去看见房间一团糟，脾气马上就要爆发了；今天……要知道，心静则万物莫不自得，心动则事象差别现前。现代人都被生活中的紧张与焦灼所困扰，渐渐浮躁起来，尤其是女人。她们每天工作与家庭，忙里忙外，每天被琐碎的事情围绕着，心情难免浮躁不安，很难品味到静的清芬与恬愉。但是浮躁往往更不利于事情的发展，只会加快坏情绪的爆发，促使事情恶性循环。今天我想要漂亮衣服，明天我就想要漂亮鞋子；今天我质问这个同事，明天我可能就会和另一个同事发生口角争执；今天看见老公没收拾房间就火气爆发，明天看见他没叠被子就会大吵一架……与其让浮躁影响我们正常的情绪，不如放开胸怀，静下心来，安静地品尝生活的原味。唯有心灵宁静，才不会生气于小事、不稀罕成堆的金银、不乞求一切安稳、不羡慕美宅华第，因为所有的计较、奢望、乞求和羡慕，都是一相情愿，只能加重生命的负荷，加速心灵的浮躁，最终与豁达康乐的心境失之交臂。

“非宁静而无以致远。”诸葛武侯如是说。静到底是什么？是泰山崩于前而色不变，是大胸襟，也是大觉悟，非丝非竹而自恬愉，非烟非茗而自清芬。女人，一定要学会抛却心中的“妄念”，安静地生活，这样才能够使自己于利不趋，于色不近，于失不馁，于得不骄，进入宁静致远的人生境界。人生常在静中，纷扰红尘，才能活得自在和洒脱。

乱绪纷纷，只不过是庸人自扰

“百年三万六千日，不在愁中即病中。”古人的诗句可谓一语道破了世间人生的真谛。世界上的女人，每天都会乱绪纷纷，在不安和烦恼中度过，一个烦恼过去，下一个烦恼又来了，每天每夜，从未停息过自己的忧愁。今日愁工作，明日有了工作开始愁财富，后日又开始愁子女，有时候甚至顾影自怜……女人还有一个怪癖，一旦将自己沉浸在烦闷和忧愁中，就不愿意自拔，那些多愁善感的女人更甚。如，梨花带雨般的林妹妹般整日沉浸于愁闷之中，自得其乐，仿佛这个世界一草一物都会引起她愁闷一般。但人文大师柏杨先生也曾说：“过度发愁也难以安枕。有句俗话说‘愁闷瞌睡多’，似乎只是相对的真理，小愁小闷可能把人搞得昏昏沉沉，但大愁大闷恐怕严重万分。”单看林妹妹的结局便可知每天愁闷对身心的坏处。

其实生活是一件艺术品，角度不同，心态不同，看到的就不同。每个人都有认为最美的一笔，每个人也都有认为不尽如人意的一笔，关键在于你怎样看待。世上的事情纷繁复杂，家庭与工作，各种担忧与恐惧的事情不尽其数，若每一件事我们都去烦恼，那么生活便也无法进行下去了。因为即便其他琐事解决了，你自己都会想到遥远的死亡来为自己增忧。其实那些生活中所谓的烦恼不过是庸人自扰，它们都如浮云一般，终究会在时间的消磨下散去的。与其整日被烦恼所困扰，不如以一种顺其自然的态度看淡世间一切，就像延参法师在《宽怀人生》中说的一样："从容地活着，淡定地活着。不管生活给予我们什么，都要从容地去面对！不要埋怨生活的苦，天上掉馅饼的几率很小。不论卑微或是伟大，无论贫穷或是富有，都要从容地活着，从容来去，坦然今生。"

《古尊宿语录》中记载着这样一段话：

寒山问曰："世间谤我、欺我、辱我、笑我、轻我、贱我、恶我、骗我，该如何处之乎？"

拾得答曰："只需忍他、让他、由他、避他、耐他、敬他、不要理他、再待几年，你且看他。"

寒山、拾得两人不为世事烦恼缠缚，洒脱自在，其处世秘诀确实高人一筹。

其实幸福对于每个人来说，都是平等的。只要你做到不庸人自扰，把那些纷繁琐事看淡、看清，那么你又怎能够不得到幸福？即便是每日乞讨饭菜的乞丐，若能拥有这般不庸人自扰的淡定内心，他也会活得比住豪宅每日却忧愁不安的人们过得幸福和快乐。幸福就在心间，在自我豪放洒脱的自在中，就在怡然自得的闲情中，只有内心淡定，女人的幸福才能从点点滴滴的细节中被释放。

内心淡然，风吹身摇而心不乱

禅宗有一个著名典故，此典故由唐代六祖慧能大师而来。五色幢幡升空时迎风飘动，一僧说是幡动，一僧说是风动，六祖慧能大师从旁边经过，笑谈，既非风动，也非幡动，乃二僧心动。

“风动、幡动、心动”，引发了后世对于修禅的种种理解，也引出了世人对定心的思考。“风吹云动心不动，见到境界不动心。”这句偈子也是阐明了人生的一种高境界——心无外物，内心淡然，风吹身摇而心不乱。一个女人，这一生要有很多爱，为了情人的爱，她们奋不顾身、身嘶力竭，但也难免经受被抛弃和背叛；为了丈夫的爱，她们拼尽全力，努力改变自己，但也难免遭受与小三的斗争；为了孩子的爱，她们勤劳辛苦，却也难免听到孩子调皮惹事的消息；为了朋友的爱，她们掏心掏肺，但也难念经历分离和吵闹；为了工作的爱，她们尽职尽责，但也难免被领导训斥被同事排斥……女人一生不容易，为了周全所有爱的人，她们经历了太多太多委屈、难过和伤心。都说内心淡然，如此多的烦心事如何不去想，如何不去思考，如何不去解决？然而努力人的终极自由就是心灵的自由。风动、幡动，都不过是外境的变迁，就像星云大师说过的：“不动心，才能时时与佛同在。”这所谓的“不动心”正是一个人修养和定力的体现，如果一个女人无此定力，则很容易被外境所左右，并随外境而动摇，继而伤心、难过、痛苦。一个女人如果想获得内心的平静，就要做到不为情动，不为名动，不为利动，不为褒动，不为谤动，不为苦动，不为难动，不为力动，不为气动。面对诱惑时，不起贪念；面对批评时，保持淡定；面对背叛，学会原谅；面对排挤，保持坦然。

当我们能够做到随缘不随便，做事不动心，也就得到了真正超然物外的洒脱。女人，凡事要学会尽人事而听天命，如季羡林先生所说的：“首先必须‘尽人事’，否则馅饼决不会自己从天上落到你嘴里来。但又必须‘听天命’。人世间，波诡云谲，因果错综。只有能做到‘尽人事而听天命’，一个人才能永远保持心情的平衡。”任何时候随遇而安，内心淡然，自享一片光风霁月的心灵景致。

不与百花争艳，爱上不完美的自己

美国有一个很有名的戒酒协会，酒徒们经常聚在一起，讲自己的故事，听别人的故事。他们最经典的两句台词是：

“我叫约翰，我是一个酒鬼，我不完美，我承认自己对酒精毫无办法，我无法戒酒，我很无能很无助，我需要帮助。”

你不完美，我不完美，他不完美，我们每个人都不完美，不过没关系，真的没关系。

简单的两句台词，道出了每个人的心声。每个生命都不完美，但是真的没关系，因为世界上本就无完美而言。

很多浮躁的女生总是觉得对自己不满意，“我的身高要是再高点好了”“我的胸为什么这么平”“我的皮肤为什么就不同别人女孩一样不起痘痘”等等，看到的总是自己的缺点，总是在与那些比自己好的女孩子比较、争艳，殊不知再跟她们争的那一刻起，你就输了。一个淡定的女人不会与百花争艳，因为她们有自信，知道自己什么都不缺，何谈去比较、争斗?

张爱玲也曾说：“生命是一袭华美的袍，爬满了虱子。”张爱玲从来都不矫揉造作，虽然这句话仅仅写于她十九岁的时候，却一针见血地指出了生命的本质。肯定生命本身的华美，却又不得不承认人一生中所要面对的不完美。世界上没有一个完美的生命，如爬满了虱子的袍，生命美好却又不断有小小的虱子般的东西折磨你，撕咬你。也没有一个没有瑕疵的女人，或多或少都会不能尽如人意，尽管如此，我们仍然要爱上自己，为寻找美好而努力，因为我们不能因为小小的虱子，就要死掉。也不能因为有点瑕疵就否定自己，否定那个在其他方面堪称美丽的自己。

有一个女孩，她自小的梦想是成为一位歌唱家，可是她长得并不好看。她的嘴很大，牙齿很暴露，每一次公开演唱的时候，她都想把上嘴唇拉下来盖住她的牙齿。她想要表演得“很美”，结果总是失败。直到有一天她接受了别人的忠告，没有再去注意牙齿。从那时候开始，她只想到她的观众，她张大了嘴巴，热情而高兴地唱着，后来，她成为电影界和广播界的一流红星。她的名字叫凯丝·达莉。

不比较，不害怕自己的缺点，永远都爱上那个不完美的自己。只要我们的心淡定，认为自己就是最美的，那么这个世界上就没有人敢跟你争。因为美这个东西如朱光潜先生所说："美不完全在外物，也不完全在人心，它是心物婚媾后所产生的婴儿。"美与丑，一部分在于事物本身的样子，另一部分取决于我们自己怎么看。只要用心，改变我们的态度，你就会发现，即便自己有很多不足之处，仍然还有许多美丽动人之处。学会爱上自己的不完美，淡定，从容，宽容，智慧，善良，仁慈，我们才有能力摆脱那些瘙痒的小虱子。

淡定的女人享受那一丝孤独

生而为人，孤独是生命的本质。人人都会有孤独之感，孤独是一个人一生中必不可少的一部分。生命原本就是一场华丽的孤独旅程，一个人品尝酸甜苦辣，一个人走着一辈子的路，没有人能代替你吃饭、睡觉、穿衣、想心事，所有的一切都是你一个人。正因为有了孤独，才让我们呼唤爱情、呼唤友情、呼唤事业、呼唤梦想。孤独是生命中理性和感性合体的天籁之音，一边感性的孤独，一边理性地逃避孤独，人生就在这感性和理性的交织中华丽丽地上演了。

有时候女人感受孤独的心最为强烈，因为她们天性敏感，对外界有超乎寻常的感知力，感知的越多，内心的孤独感越强。很多女人是拒绝孤独的，她们每日沉浸在灯红酒绿的酒吧中，让喧嚣和吵闹充斥耳边，仿佛这般就可以让内心的孤独消失。但她们忘记了，狂欢有时候是一群人的孤单，孤单有时候是一个人的狂欢。其实，越孤独越渴求喧嚣，越喧嚣内心的孤独感越强。因为没有一颗淡定的心，走在哪里，停在哪里，哪里都是一个人的孤独和寂寞。

尘世中，人人都向往波澜万丈的生活，因为那样的生活激荡人心，快乐且刺激，所以令人心驰神往。但在人生的河流中，更多的则是平静，每一个女人都要学会一个人静静地去图书馆看书，去逛街购物，去旅行看风景，因为不是每一段旅程都有人会陪着你，总会有那么一个时刻，你是孤独无助的。你必须学会享受孤独，享受一个人的坚强和独立。享受孤独，不要害怕，因为这本身就是人生给你的最高馈赠，正如罗曼·罗兰所说："世上只有一种英雄主义，就是在认清生活的真相之后，依然爱它。"那么，当孤独来临时，去体味它、享受它，在欣赏完夏花的绚烂之后，不妨静下心来，品读秋叶的静美。

其实，若会享受，孤独也是一种难得的感觉。轻轻地合上门和窗，隔去外面喧闹的世界，默默地坐在书架前，看一本自己喜欢的书，享受精神世界的丰富。正像作家纪伯伦所说的："孤独是忧愁的伴侣，也是精神活动的密友。"孤独，是人的一种宿命，更是精神优秀者所必然选择的一种命运。

那些爱情和事业双丰收的女人们都是懂得享受孤独的，她们不焦躁，不暴躁，温文尔雅，淡定地去面对一切是是非非。反而，爱的人更爱她，事业更上一层楼。

所以，女人学会享受孤独吧，其实孤独才是人生中的一种大境界，是那种你在桥上看风景，看风景的人在桥上看你的美丽。

一呼一吸间，看透生死

生命究竟是什么？活着又是为了什么？这些问题总是不断地在困扰着世人。南怀瑾先生借古人的一句话点透了生死："生者寄也，死者归也。"活着是寄宿，死了是回家。这或许能让世人的心稍稍安静一些。每个人都是世界上的一个寄宿者，而唯有死亡才是我们最终的归宿。没有人能逃避死亡，就像没有人能逃避生活一样。

女人是惧怕时间的，容颜易老，儿女牵挂在心，总是又太多不放心和不舍得。若可以，她们一定是愿意陪完自己所爱的人走完一生，自己才静静离去。然而生死有命，终究由不得自己主张。还是看开，想开，才能活得踏实，死得安然。

有一天，如来佛祖把弟子们叫到法堂前，问道："你们说说，你们天天托钵乞食，究竟是为了什么？"

弟子们个个争先回答，然而并没有切中佛祖心意，而唯有一个弟子说道："依我看，人的生命恐怕是在一呼一吸之间吧!"佛祖听后连连点头微笑。

人的生命就在这一呼一吸间，学会珍惜活着的时光，好好在活着的时候做自己喜欢做的事儿，好好爱身边的人，不畏惧，活着才有意义。当我们费尽心力去感慨生命的短暂，去惧怕时间飞逝，还不如淡定地好好活着。与其学曹孟德"譬如朝露，去日苦多"的叹息、苏东坡"人生如梦"的无奈，还不如放开心扉，告诉自己：人生苦短，生命易逝，今天能健康、自在、安乐地活着，就要快快乐乐地过好每一天。

不悲不喜，就在那里

人生有苦乐两面：太苦，就要学会提起内心的快乐；太乐，就应该明白人生而为苦的真相。冰冷的痛苦，会苦的无味；欢喜的快乐，会得意忘形，人生最好过不苦不乐的中庸生活。所谓你愿意或者不愿意，生活就在那里，要不悲不喜。

生活中的终究目标便是获得快乐。有的人追求物质的快乐，有的人追求享受自然的快乐，然而在佛教的观点中，人生本就是苦海，无法脱离苦的本质，所以便有很多人在对快乐的追求中迷失了自我，最后反而变得烦恼缠身。他们得到时大喜，失去时大悲，总是在得与失之间痛着，快乐着，情绪阴晴不定。在我们看来，真正得悟之人，不以物喜不以己悲，能如风一般自由来去，从不大悲大喜，面对一切都是淡淡然。正如明代文学家洪应明在《菜根谭》中所说“孤云出岫，去留一无所系；朗镜悬空，静躁两不相干”。孤云从山谷中飘出来，它的去留和什么都没关系；一轮明月像悬挂在天空，世间的安静或喧闹与它毫无关系。所谓一个女人的成熟无非也在于此。事在人为，淡定在人心。

《庄子·至乐》中写过这样一个故事：庄子妻死，惠子吊之，庄子则方箕踞鼓盆而歌。惠子曰：“与人居，长子老身，死不哭亦足矣，又鼓盆而歌，不亦甚乎！”意思是庄子妻死，好友惠子来吊唁，可是令他诧异的是庄子不但没有哭泣，反而坐在地上唱起了歌。惠子不解。庄子解释说：“其实，当妻子刚刚去世的时候，我何尝不难过得流泪！只是细细想来，妻子最初是没有生命的；不仅没有生命，而且也没有形体；不仅没有形体，而且也没有气息。在若有若无恍恍忽忽之间，那最原始的东西经过变化而产生气息，又经过变化而产生形体，又经过变化而产生生命。如今又变化为死，即没有生命。这种变化，就像春夏秋冬四季那样运行不止。现在她静静地安息在天地之间，而我却还要哭哭啼啼，这不是太不通达了吗？所以止住了哭泣。”

庄子从来都是一个豁达的人，在《庄子·秋水》篇中有言道“得而不喜，失而不忧；知分之无常也”。这是在告诉人们人生无常，得到了不必狂喜狂欢，错过了也不必遗憾。没有注定不变的东西，就像地球一直在旋转一样，得失也是循环的过程，如果没有心静如水的定力，就会经常心生浮躁，患得患失，大悲大喜。这对于人生是没有益处的。

我们经常可以看到有些人因为得到某些东西就欢天喜地，高兴地手足无措，而当他们失去时则会痛哭流涕，遗憾的情绪赫然脸上。倘若心为物役，人生的大半就会在大悲大喜的情绪中窒息，难以感受到生命的乐趣。所以，一个女人要想成为魅力的女人，永远不要被物所奴役，而是要心控制物，永远淡淡定定，不悲不喜。

淡定女人，懂舍就是得

星云大师曾说：“舍，看起来是给人，实际上是给自己。给人一句好话，你才能得到别人回你一句赞美：给人一个笑容，别人才能对你回眸一笑。”淡定女人，懂得舍其实是得的第二张脸，有舍才能得，舍是快乐的，也是富有者才具备的心胸。

我们都知道这世界上美食万千，漂亮的衣服万千，美丽的风景万千，没有一个人能一一具备，唯有舍弃自己不想吃的，不想要的，不想看的，才能得到我们最想吃的，最想要的，最想看的。就好比人的一双手，注定只能拿一样东西，必然要失去另外的东西。人只有一双眼，注定只能看一种风景，必然要错过更多的风景。人只有一双脚，注定只能走一条道路，必定要放弃另一条路上的故事。

年轻的时候，我们可以喜欢很多人，也有很多人喜欢你，但我们和对方只有舍弃他人而选择唯一的彼此才能终成眷属；找工作时，有很多公司可以选择，有很多职业可以选择，而只有舍弃其他，选择我们最合适的那个才能将自己的才华最大限度的发挥出来，收获事业上的成功；交朋友时，千万万的人都可以成为我们的朋友，而唯有舍弃那些不忠诚的，才能得到与自己心意合一的知己姐妹……

任何事物都如此，鱼和熊掌不能兼得，只有懂得舍才能得。《圣经》中有这样一句话：人降临世界的时候，手是合拢的，似乎在说："世界是我的。"他离开世界时手是张开的，仿佛在说："瞧哪，我什么都没有带走。"是的，其实人生就是一连串取舍的过程，从出生到死亡每一个人生阶段都在做着"舍"和"得"的艰难选择，只要人生继续就无法避免。但是女人一定要知道，有取就有舍，有舍才有得。舍，可以得到更好的。懂得取舍，是人生的一种境界。

女人一生中有太多取舍的过程，读哪一所大学，选择哪一个专业，与哪个男人结婚生子等等，一定要学会在关键时刻平衡好得失，舍弃那些糟糠糟粕，留下精华精品。这样我们才能更好地"得"。

五、情愿付出，是永恒的慈悲

总有一个人，让你泪流满面

醉过知酒浓，爱过知情重。谁曾是谁生命中最不能抹掉的心痛，谁又是谁还忘不掉的伤感？这个世界上，爱情里的阴差阳错一直在上演，都是寻常事，却总改变不了它悲伤的基调。人生有太多太长的路要走，爱情是其中最变化莫测的一条。我爱你，你爱她，三个人的纠缠；想说一句“我爱你”，却始终没有开口；你曾走过我的青春，却终究消失在茫茫人海中……爱情总是这般，猜中了初始，猜中了过程，却猜不着结局。生命中有那么一个人，曾让你泪流满面，只因为他在你的生命里留下了温度！

张爱玲的小说《十八春》里，世钧和曼桢相爱十八年，悲欢离合，爱恨痴嗔，最终没能走到一起。两个人分别跨入了自己的婚姻，淹没在柴米油盐里。曼桢孑然一身，看着儿子的成长，她有着最爱的曾经。那句“世钧，我们回不去了”，伤感了多少人。想来，世钧始终是那个她想起就泪湿眼眶的人！与君倾城恋，痴嗔半生缘。

女子啊，是最容易动了心肠的人。哪怕是别人一句简单的话语，哪怕是自己一个简单的回望，都会触动她禁闭已久的心扉。关于那个早已消失在茫茫人海中的人，即便不相见，只要在心底荡起回忆，就会泪流满面，只因为曾经那样用心地爱过、痛过。

女人更像是一个戏子，命运中的各处悲喜剧上演的时候，她总能自由转换角色。但入戏的深浅只有自己知道。没人知道，那满是油彩的面庞上，她究竟是有着怎样的一颗心，去爱着，去笑着，去哭着。只因这份感情，这个人，可能终究无法表达出来。

法国散文家蒙田有一段话说得好：“我承认，爱情之火更活跃，更激烈，更灼热……但爱情是一种朝三暮四、变化无常的感情，它狂热冲动，时高时低，忽冷忽热，把我们系于一发之上。”爱是现实而直接的，它看似坚不可摧，其实很容易便会消失，能有一个人牵手到老实在是极为幸福的事情。但若终究没有缘分走到最后，也请记住：曾经有一个人，让你泪流满面。

永远不要丢失纯真善良的本性

世界上不缺少外表美丽的女人，只要懂得装扮自己，任何女人都可以变得漂亮。但在任何社会与环境里，华丽打扮的美丽与娇媚容貌的美丽都只是暂时的，而有一颗善良仁爱之心的女人则可以永远美丽，因为这种美丽是用“心”评出的。在实际生活中，我们总是会遇到不少妆扮华丽、有着娇媚容貌的女人，但不久就会被男人淡忘了，只因为她们在男人眼中留下的只是浮华的表面，只是暂时的一种异性吸引。而那些善良的女人不同，她们却总会在男人的脑海里经常浮现，因为她们牵住的是男人的心，触动的是男人的心。女人的善良是一块磁石，一个女人的善良总是最让男人动容。只要你进入她的磁场之内，你就不知不觉被她吸引，想躲也躲不开。

人总是以善为本，女人的善良就如天使的翅膀，可以带来绚烂和美丽。只因你善良的一次回眸，可能就会使一颗在寒冬中挣扎的心享受到春的明媚；只因你善良的一次安慰，可能就会让这个男人在职场上再次鼓起拼搏的心；只因你善良的一次放手，可能就让男人永远铭记住这个曾自己深爱却又被自己伤害过的女孩；只因你善良的爱一次，可能就会重圆一个男人破碎的家庭……女人的善良如沙滩上的粒粒细沙，看似平凡琐碎，但又无处不在里面包含着深刻的东西，它出现在家庭里，是付出；出现在工作中，是鼓励；出现在婚姻中，是信任；出现在社会中，是仁爱……当然，女人的善良要发乎本性，不是生硬地表演出来，而是生命本体的一种自然散发，这样才可以让人感谢和动容。也唯有生长于生命内部的这种爱性，才经得起考验，历久不衰，一直能相伴到生命的终结。

在《寻觅女人的善良》中，毕淑敏把善良作为评价一个女人是否优秀的第一个标准。她认为善良是一个优秀女人首先应该拥有的。她说："优秀的女人首先应该是善良的。"女人永远不要丢失善良的本性，尖酸刻薄、懒惰、泼辣、自私，会让你丢掉一个女人该有的温存和爱。你要明白，即使再坚强的男人也希望你能善待他的父母，善待他的兄弟姐妹，善待他的朋友，以及善待他和你自己。也惟有善良的女人，在今后有了家庭后能够好好地善待孩子善待生活。善良的女孩赋有净化灵魂的使命，她们像明矾一样，使世界变得澄清，使爱情变得纯洁和伟大。

做男人温暖的小岛

星云大师："以奉献为乐的人，可说是具有菩萨性格的人，其提升自我的人格不但比一般人快速，心中也比一般人法喜。”很多女人容易犯这样的错误，一旦找到了那个爱自己的人之后，就开始肆意挥霍自己的爱。她认为她任何时刻需要他，他都应该在身边，随叫随到；她认为她生气时冲他大叫，他绝对不能反抗；她认为她逛街时，他要老老实实陪着她，跟着她，为她拎包买饮料……可是她，却从未想过为他做点什么，只是开心地享受着他的付出和奉献。因为在女人的思维里，她总是认为这是理所应当的事情，男人就该这样为她服务，时刻围着她转，永远宠着她。她喜欢这种被爱的感觉，也满足于这种被爱的感觉。

可是男人也需要疼爱、关心，需要女人能为他着想。所以女人不要仅仅满足于被爱，因为被爱并不等于真爱，那是一种失衡的爱情，早晚会倒塌。不要让爱保持单方面的付出，也要学会去“爱”，去付出，这样，你和他的爱才不会枯萎。

“活该，谁让她一味获取丈夫的爱而不付出呢？既然被爱，就要去爱。”她义愤填膺地曾对丈夫这样说过自己的朋友。只可惜，这句话她说过就忘了。对待婚姻，她一直奉行在爱与被爱之间选择被爱，她不愿意付出，却快乐于接受对方的付出。

结婚几年，她不做家务，不进厨房，不带孩子，所有的事情都是他来做。只因为他爱她。可是几年之后，男人终于忍不住提出了分开，女人才幡然醒悟，自己原来从未为男人付出过，却只是一味地索取。可是一切已经来不及了，男人离开了女人。

幸福的婚姻，不是你在其中获得了什么，而是你为之付出了什么。

如果在爱中只知索取不知付出，那么，最终就会失去享受被爱的权利，甚至会为此而付出惨重的代价。瓦西列夫在他的《情爱论》中说：“柔情是爱的空气。它不仅包含着相互关系中本能的柔和，而且包含着美感、精神陶醉感和想象驰骋的全部‘上层建筑’的丰富性。”。女人嫁给一个爱你的人是幸福的，能享受到他的爱更是一种无比幸福的事情。在这个爱自己的男人面前，你可以肆无忌惮地撒娇、扮痴；你可以任性地做任何你想做的事，你可以不修边幅。但是在享受他对你的宠溺、迁就、包容时，也不要忘记为他建设一个心灵的栖息地，给他同等的权利去享受你的被爱，温柔地做他生活中那块最安稳的小岛。如果你只是渴望被爱，却不知道付出爱，那么注定你们的爱不会持久。

让我们来生再相爱

净空法师曾说：“世间情执一定要放下……经上说，有机会听到净土法门、无量寿经，这都是过去生中曾经修过无量劫的善根福德，有这样深厚的善根，为什么还不能成就？就是因为情执没放下。”净空法师劝诫众生要懂得放下情执，才能修得至上的福缘。佛说人有七苦：生、老、病、死、怨憎会、爱别离、求不得。爱一个人而得不到，是求不得，是七苦之最。若一直纠结，不懂得放手，不懂得原谅，就会是你苦恼的根源。唯有破执，唯有放下，才能真的得到心灵的快乐，正所谓“你若不肯我便休。”

世界上没有人规定，你爱他，他便要一定爱你。牵手与放手都是情爱中的必然。爱情不是占有，也不是付出多少就能得到多少的等价交换，否则这世界上便不会再有那么多文人墨客写下他们感人至深的爱情故事，记载他们说不完道不清的伤心往事。有的时候我们若得不到自己所爱的人，那么就放开他让他去寻找他所爱的人，成全也是一种爱；若是早早地失去了所爱的人，那么就心中默念“让我们来生再相爱”，慈悲也是一种爱的付出。只有这样，我们才能不为自己的执著所困惑，不为自己的妄念所痛苦，才能真正拿得起、放得下。只有这样，当你遇到飞鸟与鱼的爱情时，才能感激爱情的美好，而不是为了不能在一起而悲伤痛苦。

因为爱有时候是一个人的事情，你曾在心里默默地爱过，即便对方没有回应，你也是爱过的。没有人能否定你的爱，没有人能剥夺你爱人的权利。只要你自己能承担自己，爱与不爱其实存乎一心，自行解决。

张爱玲在《半生缘》里描述沈世钧与顾曼桢的爱情是这样说的：这是他第一次对一个姑娘表示他爱她。他所爱的人刚巧也爱他，这也是第一次。他所爱的人也爱他，想必也是极普通的事情，但是对于身当其境的人，却好像是千载难逢的巧合。

你情我意，你侬我侬，相爱是最幸福的事儿。我对你的爱深不见底，你对我的爱是灵魂最深处的震动。然而并不是所有的爱情都能如他们之间的爱情一样，一见如故，第一眼便注定了彼此今生不弃不离。就算是第一眼注定了又如何，有些爱情，有好的开始却没有好的结局。就如同沈世钧与顾曼桢，那样深深地爱过，却总还是错过了。最终不得不说一句：我们是再也回不去了的。面对这些得不到或是丢失的爱，我们应该如何处理。或许，慈悲地对待对方吧，即便不能在一起，也送一段祝福，祝他在以后的路上找到情比金坚的那个人，代替你与他深深相爱。而你们，唯有这来生再相爱的缘分了。但是，女人请不要悲伤。就如圣严法师说：要培养一份清净无染的爱，在感情上不要有得失心，不要想得到回报，就不会有烦恼。我们都要学着洒脱，学着接受，“爱过，就是慈悲”，爱一个人最大的幸福不是得到对方，而是让对方得到幸福。一朵美丽的花，你不能因为喜欢就将它紧紧攥在手里，将它放在特定的位子上，给它送去赞美的眼光，默默地欣赏，这就是你与这朵花之间最完美的快乐。你可以欣赏它于万花丛中，你也可以欣赏它于一枝独秀。

情愿爱上，就要学会情愿付出，付出是你永恒的慈悲。

情愿来一场轰轰烈烈的单恋

爱情有很多种形式，暗恋、相恋、单恋……你爱我，我爱他；你爱我，我也爱你；你爱我，我却从未知晓……每个人最渴望的爱情自然是相恋，恰巧自己爱的那个人他也爱你，这自然是一件欣喜的事儿。可是，上天没有那么多完美，很多时候我们都会陷入一场轰轰烈烈的单恋。爱的人虽然不知道我们爱着他，可是自己的心情却是欢喜的。因为单恋就是一场跟自己的邂逅，就是一场没有遗憾的感动，就是一种让人开心的满足。情愿默默付出，情愿默默关注，情愿默默开始，情愿默默结束。

女作家三毛也曾经单恋过，在毕业季节，她开始了自己轰轰烈烈的单恋。

欢送晚会的排练中，她与那个扮演匪兵甲的男孩单独且紧挨着，便产生了情愫。他们一起躲在别人看不见的角落，却能感受到彼此的温暖，倾听到彼此的心跳。每每在一起排戏的时候，三毛都会心跳得厉害，小鹿乱撞，三毛问自己：我这是怎么了？可是她却是喜悦的，兴奋的。从此，三毛青涩的心里住进了一个叫作匪兵甲的男孩，不求知道他的名字，不求与他一生相守，只求上苍能让他们这样一直依偎，这样傻傻地单恋也无妨。

泰戈尔说："世界上最遥远的距离，不是生与死的距离，而是我就站在你面前，你却不知道我爱你。"单恋的有时候是痛苦的，那种想说却不敢说的表白词一直纠结在心头；单恋的人又有着这样的憧憬，若有缘分牵手在一起，定要白首不相离。单恋就是痛并快乐着，有痛苦，有失望，有憧憬，有偶尔触碰到一点回报的丝丝快乐。今生能与你相遇，已是最大的缘分，又何必在一起。就这样默默地看着你，远远地陪着你绽放，不问我对你牺牲了多少，不求你给我多少回报。如三毛所说“不求与他一生相守，只求上苍能让他们这样一直依偎”，一切就已经足够。女人的情怀总如此，如夏天青色藤蔓上开出的淡雅花朵，虽然模糊单薄，但却像雨后屋窗里点亮的一盏烛火，忧伤而动人。来一场轰轰烈烈的单恋，这何尝不是生命中经历过的美美的事情，年轻懵懂，幸福酸涩，味道一一俱足，敢爱到飞蛾扑火，却无怨无悔。

爱一个人的时候，更要学会好好爱自己

作家琼瑶在《还珠格格》里有一段语言描写：“等了一辈子；恨了一辈子；想了一辈子；怨了一辈子。可我依然感激上苍，让我有这个可等、可恨、可想、可怨的人，否则，生命将会是一口枯井，了无生趣。”很多女人在陷入爱情中时，总是变得容易付出甚至失去了自己。且不说这段话的主人公落得何等下场，光是等了这一辈子对于一个女人的一生来说就是多么残酷的事情？但是依然有太多的女人前赴后继投入在这为了爱情牺牲自己也不为过的长河中。

张爱玲说：“女人……女人一辈子讲的是男人，念的是男人，怨的是男人，永远永远。”一个女人若每天除了男人已经别无他讲，除了照顾男人已经别无他做，那么这样的女人

终究是会失去这份爱情和这个男人的。因为这样的爱情已不是爱情，女人你坠入的不是爱河，只是飞蛾扑火而已。爱，永远都是在量力而行。

男怕入错行，女怕嫁错郎。很多女人都觉得选择了一个怎样的男人，就选择了一个怎样的人生。所以，女人们用了最大的耐心，花费最大的力气，用了全部的智慧，来为自己寻觅一个理想的人生。再高傲的女人，再强悍的职业女性，内心深处无不希望能够找到一个，能让自己依靠的肩膀。

也正因此，等女人找到了这样一个理想中的男人之后，她便毫不怀疑地把自己未来的幸福，寄希望于这个男人身上，为了她可以放弃一切、牺牲一切。很多坠入情网的女人，常常激情地表白："我爱他！没有他我就活不了！"爱一个人，怎可以到了没了他就活不下去的地步？这个世界每天都会运转，即使少了任何一个人。你只是将自己陷入了深深的恐惧之中。你坚信自己需要被别人认同；你害怕失去；你早已失去了自己。一个失去了自我的人才因为想着依靠别人而更加害怕失去，强大的个体从来能承担一切。

张小娴说，爱一个人，你是会自爱的。一个不爱自己的女人，又哪来的能量再去爱别人。耐心耗尽，最终只能是无力再爱。先懂得管理好自己，自己的健康，自己的事业，自己的内心正能量，然后才能陶醉在爱的情感里。学会好好爱自己，我们才能感觉到灵魂无限延伸，奔向心爱的对象时，我们才是快乐的、自在的。

你若安好，便是晴天

在每个女人的心里，都住着那样一个人，你记得他的样子，记得他的笑容，记得他的好他的坏，却永远都不会再联系。他的名字静静地混在电话簿里众多的人名当中，却永远不会拨打，也永远不会删除，只是那样静静的，不联系也不忘记。

每个人来到世上，都是匆匆过客，有些人与之相遇，转身便会忘记；有些人与之相识，必然回首；有些人与之相恋，必然回忆。

张小娴说：我最害怕的事，是我最终没有嫁给你。而这世界上能与初恋的人结合的人有多少，大多数都是满载着记忆回望那段青涩的爱情。那段心心念念以为的天长地久，其实转眼间便烟消云散，成了人生旅途中一段过往的岁月。

林徽因和徐志摩，才子佳人，狠狠地爱过一场又别离，他们的爱情浪漫得一塌糊涂，美丽得像个错误。林徽因与徐志摩爱过之后写过一首诗：“深夜里听到乐声，这一定又是你的手指，轻弹着，在这深夜，稠密的悲思。我不禁颊边泛上了红，静听着，这深夜里弦子的生动。”因为爱，一切都变得生动可爱。即便是听一首弦音，颊边也会泛起红晕。可是她又说：“生命早描定她的式样，太薄弱，是人们的美丽的想象。”这段爱情终究是被她看透了的，如同这万物自有的定式一样，他们的爱情也是不可逆转地注定要以分离而告终的。

可是爱情不就是这样吗，若谁都计较完美的结局，想必这世界上有太多的人不敢爱了。有些人，曾爱过就好。有些事，放在心里就好。

爱情原本就没办法计较。只要你曾懂我的欢喜，我懂你的付出，心甘情愿也就值得了。那些付出了后悔的人，不是在意爱情失败的结果，只是在意自己不能承担自己。

可是人生不就是如此吗，痛苦中的徘徊，失去后的懂得，正是因为这样，我们才能不断地成长。虽然过程那么辛酸，但只要对方能够幸福，就让爱情永久定格在那美好的一刹那吧。

你若安好，那便是晴天。

怜惜，是爱他的大爱

爱情是什么？有人说爱情是花前月下的卿卿我我，有人说爱情是男人手中的一朵朵玫瑰花，有人说柴米油盐才是爱情……我们确实无法给爱情下一个准确的定义，爱情的外在形式也是多种多样，但若说爱情的这些表现形式能分大小，那么怜惜无疑是爱情里最大的一份子。

有了怜惜，你就不忍心去伤害对方，凡事都会先从对方的角度着想；有了怜惜，他工作累了，你便会偷偷做一桌子美食，只为他能高兴地忘记疲乏；有了怜惜，你便不再耍公主脾气，只是舍不得他生气……怜惜就是这样一种情感，情愿付出，只为取悦对方，只要对方开心快乐便心满意足。

有哲学家说："爱在本质上是一种指向弱小者的感情。"怜惜正是这样一种最本质的爱，一种完全发自内心的愿为对方的快乐与幸福付出的心态，是从尊重和欣赏出发的温柔的呵护和给予，是无条件的，无私的。但爱情里要怜惜却不要怜悯，怜悯会让男人觉得你是在用一种居高临下姿态施舍给他一份爱，任何男人都受不了这种自尊上的挑战。

可是年轻时，很多女人不懂得怜惜，只会迷恋那些不在乎的深情，也只会固执地认为他应该全心全意体谅我却完全忘了体谅他、疼惜他。爱是一份相互的付出，当你学会了在爱人口渴时温暖地递上一杯水，出门前不忘轻轻地一句叮咛，他哭泣时温柔地拥抱孩子般的他……你也就学会了怜惜。你如此这般的怜惜，他也会回馈你多多的爱与心疼。虽然说爱情不能计较输赢、多少，不求回馈与回报，可爱就是这般神奇的力量，你付出的，他能感受到。他定会加倍加倍地偿还给你，即便你不要求，不祈求。如果你说的是："只要他开心，我愿意做一切"，他说的定会是："为了她，我愿意赴汤蹈火"。带着怜惜的爱情不虚饰，也不夸张，它只是在爱者的心中深深地驻扎着，随时准备给被爱者提供保护和温暖。

爱过，已经足够

电影《卡萨布兰卡》里有一句很经典的台词——世界上有那么多的城镇，城镇中有那么多的酒馆，她却走进了我的。

能够相爱是缘分，爱到尽头是情分。只是爱，总是会变的。此刻爱的天昏地暗，彼时却又各不相见，这是常有的事儿，但是我们不能说那不是爱。只是原来爱过，后来不爱了。

在大学校园里，女孩爱上了这个有着忧郁眼神的男孩，男孩是单亲，从小就失去了母亲。每次见到他，女孩总会母爱泛滥，想给他很多很多的爱。起初，两个人的爱轰轰烈烈，甚至毕业之后，为了男孩，女孩离开了父母为自己找的稳定工作，跑去大城市跟着他住着不足二十平米的出租房，每天为他洗衣做饭，过着再不能普通的日子。男人总是声称自己深深地爱着女孩，无法自拔。可是就在他们住到一起不到半年的时间，男孩竟然爱上了同公司的另一个女孩，他提出分手。他说她太年轻，并不适合他。他还是更爱同公司的那个女孩。

分手的时候，男人哭了，撕心裂肺，答应女孩任何时候她需要他，他都会出现。他还抱着她，认真地对她说：“我曾那么深深地爱过你，只是现在不爱了。”

女孩很伤心，她所有的朋友都一边安慰她一边骂着这个男人，说这个男人玩弄了她，他根本没爱过她。但她还是坚持说，他是爱过她的。她从他的泪水里能感觉到他的不舍与难过，从他的眼神中看得出他曾那么深深地爱过，只是如今他也无能为力。只是后来，他们因为现实的原因，不得不停止这份爱了。

也许女孩的话没错，爱过，已经足够。缘尽了，爱只能散了。不要问爱过他值不值得，其实你应该知道，爱过了就够了，世界上没有分毫不差的秤，可以测量出你付出感情的价值。只要你在内心里告诉自己，我爱过了，就足以。即便我们抓着恨不放手，那份爱，那个人也早已不在了，相反会给自己造成更大的心里伤害。忘记恨的唯一办法便是爱，怀揣着一颗积极向上的心，才可以在爱的路上继续前行。

六、让时间定格美丽，让美丽定格优雅

女人是与岁月斗争的动物

张爱玲在作品《五四遗事》中说："他永远不要她改变，要她和最初相识的时候一模一样。然而男子的心理是矛盾的，如果有一天他突然发觉她变老式，落伍，他也会感到惊异与悲哀。所以，她斗争的对象是岁月的侵蚀，是男子喜新厌旧的天性。而且她是孤军奋斗，并没有人站在她身旁予以鼓励。"时光容易催人老，红了樱桃，绿了芭蕉。在时间面前，每个人都是公平的，可是在时间面前，女人最怕。女人是与岁月斗争的动物，从她看到眼角出现的第一丝皱纹开始，她的心就开始惶恐不安。总觉得我还这样年轻美貌，就开始了与岁月的斗争。这种心理反差让很多女人坐立不安，不知道如何调整。

有道是无论时空如何转变，女人这辈子总有一件事要做：

就是顾好自己的容颜。

男人女人走到一块儿，总有其容貌的作用。倒不是百分之百，而是一种外在特征差异带来的吸引力。窈窕淑女，君子总是好逑。帅气型男，总是让无数少女着迷。越是浑身散发着性感的女人味的异性，男人追逐得越是热情和猛烈。

但是时间是残忍的，它赋予给男人和女人的东西差别那样大。男人在时间的催促下，事业有成，成熟稳重，更加温柔体贴，越来越富有男人的魅力。这对女性来说，无论是不成熟的亦或是成熟的都是一种致命的吸引力，因为女人要的是爱。岁月对于男人来说，是洗礼，让他们慢慢蜕变成耐人寻味的一杯酒。时间对于女人来说，是摧残，让她们从饱满欲滴的花朵慢慢变成人老珠黄的颓败落叶，无人看到她们在凋落过程中所付出的辛劳和努力，世人见到的总是那掉落时候的落寞姿态。岁月对于女人来说，是压力，让她们慢慢转变为一个无人问津的黄脸婆。

若一个女人不懂得爱护自己，等到有一天看到再翻回曾经的照片，才知岁月一直是最大的敌人。若懂得悉心呵护自己的容颜，想必也不会费尽心力去讨好老公，也不用大动肝火去与小三争斗。只因你不知岁月原来是最大敌人，而你，却从未挑战过它。

最可怜的是，有些女人如何败的都不知道，只知道还未开始，就已经败了。不要把过错扔给男人，爱美之心人皆有之，你不能阻挡一个男人追求美丽的权利，那是本性。你有没有阻挡住，那是你的本事。

多少女人因灵魂美而被爱

女孩问男孩："你爱我什么?"男孩思索说道："我爱你的美丽。"女孩撅起嘴巴生气的样子。男孩笑笑说："我爱你的善良，可爱，大方，温柔……爱你的一切。"女孩笑了。

每个女人都希望男人爱的不是自己的容貌，都希望因自己的灵魂而被爱。这其中不免有些怪的观点，她们认为容貌这东西总归是肤浅的，而若因自己美丽的灵魂而被爱，是一件值得骄傲和快乐的事情。其次，也许女人天生知道容颜易老，若男人爱上的是自己的美丽，那终究有一天她人老珠黄的时候他会离开她，她自身的安全感在作祟。

可是，女人这些观点无非是自己骗自己的把戏，她们也知道有几个女人因为自己的灵魂而被爱？漂亮的脸蛋、端庄的五官、标准的三围身材、秀发美腿、冰肌雪肤……美女之美，沉鱼落雁、羞花闭月，古往今来，总是得到男人不断追求的重要动力。或许男人会爱上你的灵魂，但那也是在爱上你的容貌之后的事情。对于一个不熟悉自己的陌生男人来说，他何以在开始就能窥探出你的美丽灵魂？初始吸引他的终究是那个外表美艳的你。

张爱玲说："有几个女人是为了她灵魂的美而被爱?"这辈子做了女人，就该要做一个美丽的女人。她在小说《倾城之恋》中描述的白流苏就是一例，她快三十了，还能找到理想的那个男人，就源于她那种对美时刻都不曾放弃的追求——“她开了灯，扑在穿衣镜上，端详她自己。还好，她还不怎么老。她那一类的娇小的身躯是最不显老的一种，永远是纤瘦的腰，孩子似的萌芽的乳。她的脸，从前是白得像瓷，现在由瓷变为玉——半透明的轻青的玉。下颌起初是圆的，近年来渐渐尖了，越显得那小小的脸，小得可爱。脸庞原是相当的窄，可是眉心很宽。一双娇滴滴，滴滴娇的清水眼。”

男人们都说我不在意你胖，不在意你胸围小，不在意你个子矮……我只在意你的灵魂。这种话说出来，也许他们自己都不相信，否则他们也不会看见美女就收不回自己的眼睛。所以女人别犯傻了，多为自己的美丽做一些功课，让自己也成为被男人盯住的目标，学会合体打扮，化妆、染发、买漂亮衣服、减肥、习惯穿高跟鞋……告别那个肤色暗淡、唇体干裂、头发杂乱干燥、形体松懈，服饰不讲究，更谈不上优雅的自己吧！

没有丑女人，只有懒女人

英国女王曾在给威尔士王子的信中写道：“穿着显示人的外表，人们在判定人的心态，以及对这个人的观感时，通常都凭他的外表，而且常常这样判定，因为外表是看得见的，而其他则看不见，基于这一点，穿着特别重要……”

其实，英国女王并未言过其实，一个女人的外表通常作为别人判定自己的标准之一。一个女人若没有一个得体的衣着和仪容，那么这个女人想必在现实生活中也是难以得到很多职场提升以及男人的青睐的。从现在开始，改变自己，记住：没有丑女人，只有懒女人。

莉莉从未想过自己有一天也会成为别人关注的焦点，可是就是这一次勇敢的尝试改变了她的人生。现在的她每天起床后，看到镜子中那张美丽的脸庞都会笑起来，她只是觉得，美丽也会影响心情。可是你从未想到过之前的她的样子，高颧骨，双下巴，黄牙齿。她用半年的时间来努力改变自己，每天花一个小时时间给自己化一个得体的妆容，修饰自己的不足之处，还下班后去做运动努力减肥。之前，因为外貌问题，她很少得到异性的关注，每次出去玩都灰溜溜地跟在漂亮姐妹的后面。公司里，她也总是那个被忽略的对象，没人在意和关注她。如今，一切都变了，甚至她自己都惊讶于这种改变。再次和姐妹去酒吧玩的时候，邀请她去喝一杯的男生增加了，甚至在公司里在有了追求者，她越来越自信，人际关系和业务关系也得到了很大的提升。

总有很多女生哭诉，我这么胖，牙齿这么丑，皮肤这么暗淡，怎么会得到别人的关注？明知道自己的这些缺陷，却还不知道努力，每天依然看见美食就停不住嘴，也不知道去医院戴矫正牙套，更不会去学着化妆调整自己的肤色的女人是最让人看不起的。这是自己懒惰造成的结果，无关乎他人。

所谓爱美之心，人皆有之。你能让别人爱上自己是自己努力的结果，自己甘愿放弃自己，那么世界上没有人能拯救你。所谓人靠衣装，美靠化妆。三分长相，七分打扮。再天生丽质的女人也需要后天维护，更何况普通的我们。女人的美丽，除了天生美貌，还可以依靠服饰、首饰、发型、化妆等来改变。你完全可以自己下功夫去改变自己，打造一个漂亮的女人，若自轻自贱，何必去怪他人。

一俊可遮百丑，无人拒绝美丽，男人如此，女人也如此。每个女人都希望活在自己的美丽中被人欣赏。不要认为自己不够漂亮或不再年轻靓丽，就对美失去兴趣。更不能潜意识中认为自己已经远离了这个诱人和光芒四射的东西——“美”，于是不自觉地逐渐抛弃了对美的追求。尽管有时也会涂一涂口红，购置几件新衣服，但是激情不在了，努力也就没有了。

女人要让自己美，首先要在观念上改变自己。记住，没有丑女人，只有懒女人，让这种观念时刻深入自己的内心深处，才能随时随地保证自己的优雅和美丽。

女人多花时间在时装店里

有一些女人总是在骂家里的负心汉：我陪他吃了那么多苦，租过十多平米的房子，为了他我每天没日没夜地辛苦工作，给他看管老人和孩子，可如今他事业有成了却把我抛弃了，还在外面找了一个年轻美貌的小三……他的心是怎么想的，不愧疚吗？

是的，也许他愧疚，可这终究抵挡不住他对美丽女人的抗拒。你陪他吃过苦，你陪他度过了男人最尴尬的十多年。但是有句话说得好：此一时彼一时。人都是健忘的动物，都是活在当下的。当下的他事业有成，魅力十足，每天行走在各色的高档商场和高档写字楼之间，自然会吸引一些年轻貌美的女人的注意。而你呢，依旧穿着几年前款式的衣服，行走在孩子的学校和菜市场之间过日子。你与他越来越不同。他的身价一直在涨，而你的身价却越来越往下跌落。

是不是他回到家后，每天首先看到的是你的围裙，闻到的是你手指尖的葱姜蒜味，听到的是你大喊孩子的吼叫声……之前那个穿着漂亮的白色裙子、抹着香水、化着精致妆容和他约会的女子跑哪里去了？你说你有那么多家务事要做，你说你有那么多烦琐事要管，哪有心思去打扮自己？可是你忘了，你在家庭里最重要的角色之一是妻子，除了料理家务，你还是他爱的人。吸引他，让他对你爱，也是你任务之一。如果哪一天你失去了他的爱和关注，是不是你也不会再满脑子想的都是家务事？所以，女人啊，爱才是家庭的主旋律，先拴住他，才能拴住这个家。料理好自己最重要。

张爱玲对于好友苏青的打扮，说：“从前我常常有许多意见，现在我能够懂得她的观点了。对于她，一件考究衣服就是一件考究衣服；于她自己，是得用；于众人，是表示她的身份地位，对于她立意要吸引的人，是吸引。”

一件衣服或许没有什么大不了之处，它却代表着各种意义。很难想象一个把自己打扮得像七彩孔雀一样的女人，会是一个能吸引男人的女人，会赢得男人的关注。服饰的作用，更重要的是使人们把注意力集中在作为审美对象的女人身上，而不是让人们注意这些服饰的美。你的着装如果富有朦胧含蓄的美，那会使你平添几分魅力。若隐若现，微露其形的衣服，可以使人觉得女性体内隐藏着无限春色；又可使人觉得朦胧、意犹未尽，从而引发对女性形体美的无限幻想，产生一种含蓄的意境，形成丰富的美感与迷人的魅力。

张爱玲说：“时间即是金钱，所以女人多花时间在镜子前面，就得多花钱在时装店里。”这句话永远不会过时，一个爱美的女人才会有永久的市场。因为她爱自己。爱自己，别人才能来爱你。

芳香四溢，浑身沁人心脾的小女人

一个具有魅力的女人总是浑身散发着诱人的香气，当你靠近她时，那种似有若无的飘渺感最让人着迷。每个女人都有一种味道，或性感，或可爱，或安静，或中性，她总能找到属于自己的一种味道。

当女人初次与自己喜爱的香水相遇的时候，那种感觉是奇妙的，开心中夹杂着少许羞涩，直到自己变成一个芳香四溢，浑身沁人心脾的小女人之后，那种情愫才释放开来。欢喜着，跳跃着，像是遇到了另一个自己。它懂我，这个世界上我遇到了另外一个独特的自己。

当然也有很多人没那么幸运，在兜转中总是未找到那个属于自己的味道，那也没关系，去尽情地享受各种不同的效果吧，勇于尝试各种不同的香味。总有一天，你会找到生活中那另一个自己……

每个女人都是上天派来的天使，她们性格迥异，因而味道也不同。

1.内向型

总有那么一类女人，她们安静如处子，心静如水，任何时候总是一副波澜不惊的样子。她们不善交际，喜欢离群索居，总是活在自己的世界中，独处是她们最快乐的事儿。可是这并不妨碍她们对自我的追求，她们在自己的世界里活跃着，崇尚个性自由。这类型的女人适合东方型香水。

2.外向型

这类女人思维活跃，善于交际，总是一副积极乐观，豪爽奔放，生气勃勃的样子。她们善于挑战，不畏风险，对新生事物充满兴趣。此类女人宜选用一些比较淡雅、爽朗、富现代气息的香水。 推荐新鲜柑橘味香水。

3.多愁善感型

还有那么一类女人，若林妹妹梨花带雨般娇弱和敏感，情感丰富，脱离现实，爱幻想，醉心于浪漫。她们时而满怀激情，觉得无事不能，时而颓废不振，倦于奋斗。她们的世界没有几个人能懂，却又总是充满着吸引力。这类女人适合花香和水果味香水。女人一生中扮演着多种角色，根据角色的不同，要选择适合不同场合的香水。

约会：选用柑橘水果和苔类香草为原料的香水，内含有令人增添吸引力和荷尔蒙成分。

商务会谈：属于正式场合，所以不宜用过浓的香水，香氛尽可能淡，以清新淡雅为主，突出你的优雅和严肃。

婚礼：人逢喜事精神爽，这种喜洋洋的场合，选择好香氛可以倍增喜气。白天可以选择淡香水，晚上则可选择浓一点的香水。

睡眠：香氛也有安眠作用，睡觉时候多选择薰衣草或玫瑰香油有改善睡眠质量的功效。在枕下少涂一点儿，一晚香甜入梦。

“妆”扮自己，就是装点快乐

冰心曾写过这样一段话:世上若没有女人，至少要失去十分之五的“真”，十分之六的“善”，十分之七的“美”。看来女人之于世界，就是美的化身。

女人如花，花自醉。以花来形容女人，实在是再贴切不过了。她可以是国色天香的牡丹，气质高雅；也可以是兰花，空谷幽兰，入室自成芳；更可以是火红的玫瑰，娇艳欲滴，惹人心醉。哪怕她并非天生丽质，可也总是美的，只要懂得“妆”扮自己。

阿芳不属于天生丽质的美人，只是普普通通的女孩。但她喜欢平时化点淡妆，在她看来，淡妆是必要的礼貌。偶尔下楼取报纸、信件、牛奶，叫邻居见了，相互招呼之下，也有周正的印象。

化妆首先要讲究心情，要保持心情饱满而舒畅。要树立这种观念，化妆不单单是给别人看的，更重要的是它能使自己拥有一份好心情。心情好，易上妆，妆容出来也才更自然和饱满。首先进行皮肤清洁和保养，化妆是在皮肤清洁保养后进行的。要化妆，粉底的选择很重要，阿芳一般都会选择质地轻薄的粉底液，接近肤色，不油腻也容易涂抹，自然且看起来清透。然后用粉要好，扑粉手段也要好。因为阿芳稍微有些胖，脸圆圆的，用一些技巧手法打造阴影可以制造出瓜子脸美女的效果。

除了粉底，阿芳还会简单地画上内眼线，让眼睛看起来更有神。然后再用睫毛夹把睫毛夹翘点，涂上防水的睫毛膏，这样眼睛看起来就更加炯炯有神了。当然了，还有唇彩，她会为自己预备上几种颜色的唇彩时刻放在包包里，以备不时之需。这种妆容一般用不到十五分钟就可以搞定，每天上班前阿芳都会这样小小地装扮一番，走在路上她也会觉得更加自信。

每个女人都知道化妆是可以遮盖我们的缺点的，但这仅仅是浅层次的理解。其实化妆更应该是彰显我们的优点的。女人之所以美丽，不是因为她全身上下无一处不美，而是因为她知道自己美在哪里，并且懂得通过打扮，让这些美丽的地方发光。

化妆不仅可以使女人变美，化妆的过程也可以使女人更可爱，更快乐。据说，在很多男人眼里女人化妆的时候是最美的。看着她细致，认真以及专注于身体的创造力与灵感，眼神里总会包含着无限的爱怜与痴迷。而女人呢，想着自己是那即将出水的芙蓉，俏丽多姿，玲珑剔透，幻想着自己的美，包含着对自己的爱的确认，最是快乐。

幸福的小女人也是发型达人

一直以来，人们对美女的遐想，常常会跟秀发联系在一起。所以“女人味”除了温柔的性格、善待他人的心、动听的声音、婀娜的体态，还需要一头如水的长发。所以女人对于头发的关注并不低，理发店里坐着的多数都是女人。发型是女人的旗帜，女人头发的变化也是社会潮流变化的一种缩影。也许因为头发是女人用心打理的最隐含诱惑性的外露部分，于是也就有了一个标向的作用，甚至它是一种象征，表达出你的特性与个性，是女人心灵和行为的暗示。如，干净利落的短发，多数出现在职场精英女性中或者是家庭主妇中，她们多是为了凸显自己精干的能力和方便打理，所以选择了短发。而正值青春萌动的少女们，她们多选择长发，也会变换各种发型，这让她们看起来或者调皮可爱，或者安静文雅。

从生完孩子那年，她就把一头瀑布似的乌黑头发剪去了，曾经那个长发飘飘的她顿时转变成了“干练、利落、洒脱”的她。加上一身休闲装，旅游鞋，再加上她骨感十足的身材，要是不仔细看，还真分不清男女。有一次，她到商店去给孩子买奶粉，店员居然冲着她喊：“先生，你要买点什么?” 回到家，她为此郁闷了很久，心灵第一次触动了。

作为一名爱美的女性，谁都不愿意被别人当作男性来看待，这是一种伤害。她想自己再也不能这样了，应改变一下自己了。否则下次失去的更多，也许就是丈夫，现在她都感觉丈夫对自己没那么亲近了。她想找回曾经小鸟依人般的感觉，想再次跟丈夫撒撒娇呢！可这头短发，夺去了她作为女性该有的娇柔。

于是，她开始向别人请教怎么改变形象，才能让自己更有女人味，一些男性朋友建议她把头发留长，他们还委婉地告诉她：凡是男的都喜欢女孩子的头发是长发飘飘的，那样比较有女人味。一语惊醒梦中人，如今的她又是长发飘飘的样子了，一眨眼就成了女人味十足的淑女了。

变换发型是女人美丽的捷径之一。一般来说，长发显露出女人的妖娆和妩媚，男性化的短发使女性的柔媚和女人味有所流失。而怪异的、嬉皮士的发式，适合那些走另类个性路线的女人。当然这并不是说短发的女人就没有女人味，而是在某种程度上想告诉女人，长发的可塑性可能会更强，它可以使你根据场合和心情梳理、变换。工作时可以盘，慵懒时可以披下来，童心大发时还可以编成小辫。女人的心情本来就是多变，长发可以帮助你根据心情塑造各种发型。除此，对于发型，女人不能仅仅为了贪图方便就让自己的发型随意起来。要做到心中有数，明白自己对于发型是一种什么需求。你现在最想给大家展示什么样的形象，最需要表达什么样的特性，你才可以去选择你需要的发型。

最是那回“眸”一笑

电影里那些帅气的男人总是被女人的回眸一笑所吸引，那种性感的挑逗最让人着迷。她的眼神总是散发出一股强烈的吸引力，或楚楚可怜，或温婉动人，或调皮可爱，或性感热情，总是引起无限遐想。一个女人最迷人的也许不是她的眼睛，而是那让人难以捕捉而又略带神秘的眼神，她用目光诉说了女人的娇媚与温婉。

女人多是含蓄的，她们害羞的神情却又最吸引人。那一抹淡淡的“回眸一笑”虽然简单，却被赋予了更丰富的内涵，使得多少人拜倒在她们的石榴裙下。所以，一个聪明的女人善于利用自己的眼神去达成自己的目标，去给自己的美丽加分。

在一项研究中，请男人观看许多美丽女子的照片，结果发现他们特别喜欢瞳孔大的女性照片，这种照片使男人的瞳孔也放大了30%。这是因为在人们兴奋时，瞳孔会不自觉地扩张。所以瞳孔放大的漂亮女性向男人传达的信息就是：你真吸引人！

相传，在意大利文艺复兴时期，当时的女性常在与男子出游前，用莨菪（一种开着小黄花的有毒植物）点在眼中，人为地放大瞳孔，来吸引自己喜欢的人的注意。

眼睛是心灵的窗户，一个女人美丽的眼神总是能给她们的心灵加分。如果你每天神采奕奕，眼睛也炯炯有神，那么你一定会吸引更多的人的注意，因为他们知道你一定是一个乐观开朗的女人。而当你的眼神暗淡无光，眼神冷漠呆滞，你就失去了魅力，因为你给他们传递的是你很难相处的讯号。每个人的眼神都不相同，一百个人就有一百种眼神。眼神可以控制而变化，学会运用自己的眼神，让它如湖水般纯净，如星星般闪亮，让它如蔡琴的歌中所唱的那样："虽然不言不语，却叫人难忘记……"

优雅的举止是一种无声语言

如果说时间是一把无情的刀，终究要砍掉女人的青春和美貌，那么优雅便是最坚固的盾牌。无论时间如何消磨它，它只会愈发变得坦然和洒脱。就像蒙娜丽莎的微笑一样，优雅会将女人的美丽永远定格。

法国有句格言：“优雅是年龄的特权。”一个女人随着年龄的逐渐增大，看上去应该更优雅。装扮得体、气质优雅的年长女士常常引起年轻女孩的无比艳羡，因为她们知道现在的自己有青春相随，但若干年后，当青春不再，自己是不是也能如她们一样风韵犹存？优雅是女人对于时间而言能抓住的最后尾巴，一个女人若丧失了这把撒手锏，这辈子也只能任时间这把刀宰割了。

赖斯，美国政治家，前美国国务卿。她是美国历史上就任此职的第一位女性非裔美国人。赖斯的政治生涯就是从她的谈吐中开始的。1987 年斯坦福大学的一次晚宴上，当时赖斯几句简短而有特色的致辞引起了时任福特总统国家安全事务助理的布伦特·斯考克罗夫特的兴趣。从此，她从大学教授一下子“跳槽”到了白宫，成为了白宫里的小女人。1995 年，她和刚刚当选州长的小布什一见如故，赖斯果断地抓住了话题的中心，从共同的爱好棒球谈起，然后再谈到天气环境，而后谈及政治，双方相见恨晚。赖斯鼓励小布什参加总统竞选，而后大获成功。

她任何时候总是一副优雅的姿态，从容、淡定、谈吐大方，这成为了她职场制胜的法宝。其实，优雅的举止就是一种无形语言，它会在无形中反映了一个人的素质、受教育的程度及能够被别人信任的程度。在社会交往中，举止优雅的女人最受欢迎。它可以帮助我们提升人气，美化我们的能力。

“红颜易老，青春易逝。”岁月总是无情地带走青春，让容颜慢慢老去。唯有优雅于时间中沉淀为永恒。世间女子唯有不断地自我修炼，自我提升，不懈地努力，才能让自己焕发出迷人的光彩。女人们若想拥有美的最高境界，尽显女人的风韵，那么请修炼你的优雅举止吧。让优雅与生命永恒！

七、会享受，粗糙的世界里也能发现天真

人生只有一次

在漫漫的历史长河中，每个人的人生显得如此短暂，匆匆而过。“流光容易把人抛，红了樱桃，绿了芭蕉”，岁月无情，时光总是在不知不觉中染白了女人的黑发，将皱纹爬上女人的额头。难怪总有人说：女人是与时间赛跑的动物。

确实，在生命面前我们显得尤其无力，我们无法让时间减速，也无法改变终将进入坟墓的结局。人生只有一次，女

人实在应该学会好好享受。周国平曾在《安静的位置》里写道：“一个人如果真正想明白了生之必死的道理，他就不会如此看重和孜孜追逐那些到头来一场空的虚名浮利了。他会觉得，把有限的生命耗费在这些事情上，牺牲了对生命本身的享受，实在是很愚蠢的。人生有许多出于自然的享受，例如爱情、友谊、欣赏大自然、艺术创造等等，其快乐远非虚名浮利可比，而享受它们也并不需要太多的物质条件。在明白了这些道理以后，他就会和世俗的竞争拉开距离，借此为保存他的真性情赢得了适当的空间。而一个人只要依照真性情生活，就自然会努力去享受生命本身的种种快乐。”

人生只有一次，感慨生命的短暂，感慨时光匆匆，伤心叹气，看破红尘消极颓废，自暴自弃，轻易放弃了自己。还不如换一种心态，想着若生命只有一次，若青春无法回头，若我们都要变老，那么享受正是时候。享受一次轰轰烈烈的爱情，享受一次美满的婚姻，享受一次自由自在的旅行，享受一段短暂的静谧的自我时光……

我们所说的享受，不是去豪华商场买奢侈品，不是灯红酒绿去泡吧、放纵，不是对男人甚至是孩子颐指气使、骄横跋扈，不是穿金戴银、绫罗绸缎，不是环游世界吃喝玩乐……

我们所说的享受，只不过是周末闲散的时间，坐在沙发上听听自己喜欢的歌，读读自己爱的书；我们所说的享受，只不过是在厨房里，单独为自己做一道爱吃的菜；我们所说的享受，只不过是经过花店为自己买一束玫瑰花，送给自己；我们所说的享受，只不过是在咖啡厅与三五好友无拘无束地聊聊天，说说心里事儿；我们所说的享受，不过是看一部自己喜欢的电影，不必惦念家里的男人还没有吃饭……

对于女人来说，时间是异常残酷的。会享受，女人能在粗糙的世界里重新找回天真与浪漫。享受，对于女人来说，任何时候都不会晚。

欲望是一杯盐水

齐秦有一首歌叫作《外面的世界》，有这样一句歌词恰如其分地表达出了欲望与欲望得不到满足的矛盾：“外面的世界很精彩，外面的世界很无奈。”这个世界很精彩，美丽的房子、漂亮的车子、华丽的衣服等，我们都想要；这个世界又很无奈，我们的欲望不能一一按照心愿得到满足。精彩和无奈共同呈现着世界的美与丑。

《伊索寓言》里讲过这样一个故事：

一位国王要举行一次大型活动。一位舞师找来十几只猴子教它们跳舞，计划在盛会上为宾主演出。经过舞师的悉心训练，猴子进步很快，把人模仿得惟妙惟肖。盛会那天，就在猴子跳舞中途，一位恶作剧者把花生扔到了台上。结果可想而知，猴子们为了抢花生，台上顿时一片混乱和喧闹……

事实上，不管是动物还是人类，一旦上了欲望的圈套，你便再也身不由己了。因为欲望是一杯盐水，只会越喝越渴，它的本质就是无法满足。正如佛经中指出的："雪山若能化为黄金，即使有两倍的数量，仍然无法满足一个人的欲望。"

女人的欲望总是很多且琐碎的，也因此她们最容易开心和快乐。因为只要是自己喜欢的一件衣服甚至是一只小发夹归入囊中，她们也便会开心很久。但可惜的是，她们总觉得自己的衣服不够多，自己的发型不够时尚，自己的鞋子不够美，于是一件件的衣服和鞋子不断地收进家里，房间变成了储藏室一般也觉得快乐。但是没有欲望能谈得上满足，因为满足了这个，下一个欲望又接踵而至。是故佛家启迪人们追求生命超越的方式首先就是否定欲望，告诉人们欲望的危害性。大哲学家萨特也曾说："人是一堆无用的欲望。"

我们不得说，欲望在人生中起着重大的作用，因为有了它，我们才有了上进的动力，有了不断改善自我的进取心。但它同时又能毁掉我们的人生，只要你不懂得节制。学者周国平先生在戏说欲望里说得好："生命无非就是欲望，否定了欲望，也就否定了生命。怎么办？这里我们要请出人生中另外两位重要角色了，一位叫灵魂，另一位叫理性。灵魂是欲望的导师，它引导欲望升华，于是人类有了艺术、道德、宗教。理性是欲望的管家，它对欲望加以管理，于是人类有了法律、经济、政治。"女人不怕有欲望，但是要懂得节制，你才可以做一个幸福的小女人。

不要为了生存，忘记了生活

女人每天在嘴里或者心里喊的话便是“活得太累、太累!”她们抱怨自己就像是一个家庭保姆一样每天洗衣做饭带孩子，除此还要辛苦工作。做一个好女人着实很难，为了生存，女人要家庭、事业都兼顾好。但需要提醒的是，女人为了生存也不要忘记了生活。因为生存本身就是为了生活而服务的，学会生存但更要学会快乐生活。

曾经听过这样一句话：像蜜蜂一样生存，像蝴蝶一样生活。蜜蜂在万花竞放的美丽季节，总是不知疲倦地飞奔于花丛中，辛勤采集花粉酿成蜂蜜，除了备日常所用之外，还把这些蜂蜜储存起来过冬。同样在姹紫嫣红的季节，美丽的花蝴蝶自由地飞舞，和花儿说话、和鸟儿嬉戏，看上去那么自在和快乐。可以说，蜜蜂和蝴蝶是人类的两种生活模式，只知道为生存忙忙碌碌的人像是蜜蜂，只知道一味玩耍的人像是蝴蝶，两者缺一不可，但却又不能独善其一。聪明的女人，应该学会将二者结合起来，那就是：像蜜蜂一样生存，像蝴蝶一样生活。

求生是一切生物的本能。女人若想在这个世界上活得出色，前提就是必须有生存的能力。如果连生存都不能保证，又何谈其他的生活幻想。但这并不意味着一切都要以生存为中心，人是有灵魂和理性的高级动物，灵魂能升华生存的意境，灵魂也渴求高级的生存意境。生存虽是根本，但生活才是重心。

很多时候人生就像戏剧一样，很滑稽，我们往往不断追逐某些东西，为此永远不知疲惫，但是往往会在最后发现，在自己匆忙赶路寻找风景的时候，却失去了慢慢欣赏沿途风景的情致。

阿尔卑斯山谷中，在一条风景极佳的大路上，有一条标语："慢慢走，欣赏啊！"对此，朱光潜先生写道："许多人在这车如流水马如龙的世界过活，恰如在阿尔卑斯山谷中乘汽车兜风，匆匆忙忙地急驰而过，无暇一回首流连风景，于是这丰富华丽的世界便成为一个了无生趣的囚牢。这是一件多么可惋惜的事啊！"女人又何尝不是，为了生存早已忘记了生活的本来面目。女人，更应该学会诗意地栖居。充分享受生活，放慢脚步，慢慢发掘生命中未被发现的美。

宁愿此生，淡如清茶

作家三毛对茶有一番心得，她说第一道茶苦若生命，第二道甜如爱情，第三道淡如春风。茶的三种境界犹如人生的三种滋味，生命虽痛苦犹在，但终究有令我们开心快乐的事情相伴，但这一切最后都要归于平淡。人生，就如这一杯香茗，洋溢着醉人清香。

在人的一生中，会有许多的追求、许多的憧憬。追求真理，憧憬刻骨铭心的爱情；追求金钱，憧憬名誉和地位。追求时尚，憧憬奢饰品……有追求就会有收获，我们会在不知不觉中拥有很多。但有些是必需的，有些却是我们不必追求和憧憬的，过多的欲望总是心灵的负累。

一位老僧，老友前来拜访他。吃饭时，他只配一道咸菜。老友忍不住问他："这样不会太咸吗？"老僧回答道："咸有咸的味道。"吃完饭后，老僧倒了一杯白开水喝，老友又问："白水过于平淡了吧？没有茶叶吗？怎么喝这么平淡的开水？"老僧笑着说："白水虽淡，可是淡也有淡的味道。"

漫漫人生路，需要品尝各种滋味，咸菜的咸与白水的淡就像人生中不同的境遇，超越了咸与淡的分别，才能真正品味到咸的恰到好处与淡的至纯至真。

闲暇时间，冲开一杯香茗吧，在这份淡淡飘渺的芬芳之中，细品三杯，许许多多的细节都能让人怦然心动——有些情不再是燃烧的火、有些恨不再是坚不可摧的冰、习惯于一个人的静处、生活在锅碗瓢盆的背后飘着淡淡的幽香……一切都是淡淡的，淡淡一点的。

这种淡若清茶的味道，才是生活的精品，生命的精华。而那些成败荣辱的挣扎，官职爵位的追求，小桥流水的愁思，古道西风的凄凉，不过是如流岁月、万千浮华中的一声叹息。绚烂之后总归于平淡，人淡如菊这也是一种福气。在忙忙碌碌的人生中，并不是每个人都会舍得停下脚步欣赏身边的美景。你停下了，你的生命得到了升华。

最大的福气是清福

国学大师南怀瑾在《金刚经说什么》一书中曾说：“鸿福易得，清福难享。”他的意思是说，人生最大的福气就是能够享受清福，这是个非常平凡，但是却很少有人能做到的事情。现实中很多人都不满足现状，不停追求金钱、爱情，勾心斗角拼事业，以为拥有了它们就得到了幸福。这或许能让我们获得一定的鸿福。但其实真正的福气是清福，是满足生活，享受生活中的每一寸阳光。

南怀瑾先生曾有过这样一段描述：“在那个峨嵋山顶，到了秋天九月十月之间，已经大雪封山了，上山是不可能的，没有人可以走路上来的。要从山顶下来除非是滑冰下来。也有些和尚师兄弟们，屁股上包个大草席，拿两个手棍，从山顶上‘哗’一路滑下来，那真是万山冰雪。

“我那时享尽清福，每夜的月亮都看得到，不管弯弯的眉毛月，半圆的月，圆满的月。看到上空都是蓝天，加上万山冰雪，四周上下整个是水晶世界。尤其夜静更深，不要说人看不到一个，鬼也看不到半个啊。那是冷得很哦，冷到已经不知道自己冷不冷了。就在那个时候朗诵一声诗句，或者一声南无阿弥陀佛，整个大地好像都在震动。”

这也是为什么他说“鸿福易得，清福难享”的原因。

《笑林广记》中也有这样一则故事：

一鬼托生时，冥王判作富人。鬼曰："我不愿富。只求一生衣食不缺，无是无非，烧清香，吃苦茶，安闲过日子足矣。"

冥王曰："要银子使，再给你几万也是有的，但这样的安闲清福，难给你享啊。"

一生富贵荣华或许都能求得，可若说这素朴清雅，淡泊清净却很少有人能享用。一个幸福的女人无论走了多远，走得多累，总能安之若素，重返自在安逸。因为她们知道一个女人可能身着华贵得体的衣服，佩戴璀璨耀眼的首饰，婀娜多姿、风情万种地行走在众人艳羡的目光里，但她却未必是个幸福如花的女子。幸福花开，只存心间。

其实，幸福不仅仅在于物质上拥有多少，更多的是一种感觉，一种满足安然的感觉。有时候，平安健康地活着，自由自在地呼吸，身边有珍惜自己也值得自己珍惜的人，就已经是莫大的幸福了。

把工作当作是一种祝福

她是昔日的校花，身材窈窕，貌美如花，追求者无数。大学毕业，还没开始第一份工作，就为了爱奋不顾身地投入到养儿育女的过程中。几年下来，她枯瘦如柴，两眼无神，穿着起毛球的衣衫，带着两个孩子，看起来就像是个"欧巴桑"。

原来，她的婚姻生活很不幸福。自生了两个女儿后，婆婆一直对她有成见，老公也嫌弃她越来越人老珠黄。她终于鼓足勇气开始了新的生活，找到一份工作。凭着她的高学历文化素养以及“不拼就没有退路”的决心，生活彻底改变了。

现在的她，每天一身利索的工装加上合宜的妆容，既干练又性感，身边又有了爱慕自己的男士。

女人有爱才会美，但若女人把爱当成全部就会变得势单力薄。因为爱这个东西，且不说你越在乎它，它越远离你，就算是它永远对你不离不弃，你的世界也太孤单了。一个女人绝对不能除了爱之外已无其他可以追求和依靠的东西。

张爱玲说：“常常看到有一种太太，没有脑筋，也没有吸引力，又不讲究打扮。因为自己觉得地位很牢靠，用不着费神去抓住她的丈夫。和这样的女人比起来，还是在外面跑跑的职业女性要可爱一点。和社会上接触得多了，时时刻刻警醒着，对于服饰和待人接物的方法，自然要注意些，不说别的，单是谈话资料也要多些，有兴趣些。”聪明的女人，会爱家，但也会爱工作。她们乐观向上，积极努力，享受工作带给自己的安全感与满足感。

很多女人，尤其是有了男人依靠的女人，总是疲于工作，把工作仅仅当做是应付的工具，总觉得创事业、拼成绩是男人的事儿。其实，无论是男人还是女人，都不应该少了工作的陪伴。据调查统计，有工作的人会比每天无所事事无工作的人愉快指数要高。因为这些人注重仪表，拥有自己的经济基础，他们的安全感比一般人要高。工作带给他们更多努力、思考的机会，让他们觉得更加独立与自由，自然心情愉悦指数就高。有了工作，物质和精神上的快乐才不会枯竭。

工作也是快乐的源泉，一个女人一定要学会享受工作，把工作当作一种享受。

让心回归大自然

梭罗在《瓦尔登湖》中曾经说过："每一个清晨都是一份快乐的邀请，要我过和大自然一样简朴的、也可以说同样纯洁的生活。"

女人们只要走进家庭，就全然忘记了享受这一回事，每天忙忙碌碌奔走在工作、家庭之间，似一个永不嫌劳累的陀螺，转啊转啊……忘记了春有百花香,夏有凉风拂,秋有明月圆,冬有白雪飘……记住的永远只是，几点去接孩子放学，几点为丈夫做饭，这样固然贤妻良母，却也太过让自己辛苦。其实，大自然向我们传达了太多诗意的感觉，把太多美好的东西馈赠给了我们：蓝天白云、清新氧气、花红草绿……有时候，女人需要适度地离开熙熙攘攘的尘嚣世界，给自己放个假，不用担心孩子，不再想着丈夫，不去思虑家庭琐事，只是那样拿起背包，开始一段一个人的旅行。

那个时候，她正失恋。相处了五年的男友，去了美国。临走告诉她，我们需要重新审视这段感情。言辞很是委婉，不过，即便是傻子也会听懂，这段恋情画上了句号。那一段时间，她过得很辛苦。她将自己关在房间里不吃不喝几天。

那年的夏天多雨，一天她就那样安静地坐在窗前看着雨滴一丝丝地划过玻璃，那样用力，那样清晰，然后滴滴答答地落在地上。那一刻，她突然清醒。

这个世界，比自己那点事儿更揪心的，太多太多。爱情可以被打败，但心灵不可以被打败。她推开门跑了出去，任雨水冲刷着自己的头发和衣衫，突然她笑了。

生命是可爱的，有爱情，那是锦上添花，没有爱情，也不至于天昏地暗。有没有爱情，蓝天白云都在美好地陪伴着你。生命终究难舍蓝蓝的白云天。

大自然是造物主赐给人类的最高享受，我们所有人的身心都需要它的滋补。当我们不由自主地走近大自然，被清爽的风吹着，嗅着花草的香气，心情就会渐渐地开朗。欣赏大自然带给我们的壮观美景，感谢大自然赐予我们的宽广胸襟，一切苦闷和阴影都会散去，心情会更加舒畅。

大自然的神奇，可以让人真切体会到生命的渺小和珍贵；大自然的美丽，可以让人体会到人生的美好。所以，生活中当你感到烦闷时，不妨背起行囊，一个人独自去游山玩水，到大自然中放逐自己。

放松心灵，滋养生命

罗素曾经说过：“我们的生命是大地生命的一部分，就像所有动植物一样，我们也从大地中吸取营养。”

在城市中待久了的女人们，每天辛辛苦苦如男人们一样拼搏在职场上，早已忘记了四季的变化，日月的起落，山水的美妙。不妨抽空去大自然中，给自己麻木、疲惫的心灵放个假。这样不仅对身体健康大有裨益，还可以滋养我们的生命。

一日，长沙景岑禅师到山上去散步，回来的时候碰到了住持长老。

住持问他：“你今天去了哪里?”

长沙禅师：“我到山上去散步了。”

住持追问：“去哪里了?”

长沙禅师：“始随芳草去，又逐落花回。”

圣严法师非常欣赏长沙禅师达到的这一番境界，他曾说：“禅师所怀抱的心境一片和风煦日，没有狂风暴雨；禅师所体验的世界一片光天化日，没有黑暗罪恶。并不是这世界没有狂风暴雨和黑暗罪恶，而是他的心不受外在环境影响，永远安详、稳定、慈悲、宁静、光明磊落。所以，不论他面对什么样的世界，他的心境始终自在安闲”。一个女人唯有拥有一颗宁静、自在的心灵，才可以过得快乐。很多时候人生就像戏剧一样，很滑稽，我们往往不断追逐某些东西，为此永远不知疲惫，但是往往会在最后发现，在自己匆忙赶路寻找风景的时候，却失去了慢慢欣赏沿途风景的情致。我们也许会说，没有了物质基础一切都是妄谈，其实则不然。这世界上最贵的东西反而都是免费的，比如空气，花草树木等。我们常常觉得不快乐，只是自己给自己设置了牢笼，然后却一门心思地钻进去，不知回头。心早已在旅途中累了，倦了。“人生不满百，常怀千年忧”，过多的执着造成过多的苦恼，执着于其中不能自拔的人又怎么了解心灵的自有境界呢？

放松心灵，悠然无滞，眼前自然是海阔天空，到处都会是盎然的芳草，遍地都是缤纷的落花，徜徉其中，天高云淡，鸟语花香，神奇的造物，悠然的心灵，一切如诗话般和谐动人，生命也开始变得绚烂多彩。寒山诗偈中所言：“一住寒山万事休，更无杂念挂心头。闲于石壁题诗句，任运还同不系舟。”心无邪，人生自然得大自在。

让人生的美景为你停留

一个六岁的小女孩问妈妈：“花儿会说话吗？”

“噢，孩子，花儿如果不会说话，春天该多么寂寞，谁还对春天左顾右盼?”

小女孩满意地笑了。

人生旅途，一路走来满是风景。生活本是丰富多彩的，除了工作、学习、赚钱、求名外，还有许许多多美好的东西值得我们去享受：可口的饭菜、温馨的家庭生活、蓝天白云、花红草绿、飞溅的瀑布、浩瀚的大海、雪山与草原等。只要我们拥有一颗懂得欣赏的心，人生何处都有值得我们流连的景色。

可惜的是很多女人早已在繁华世界失去了静下来看看风景的心情，每天若不是天天上班，便是逛街购物，行走在都市的人群中，用美丽的外表迷惑着他人，也迷惑着自己，告诉自己我很快乐。可是，唯独当夜幕初上，自己安静地躺在床上的时候，才知道这颗心原来是如此空虚和孤单。在琳琅满目的商品中，在物欲横流的世界里，到底什么才是真正想要的？到底什么才可以让自己真正快乐？

终于，当那个下午，外面下起了雨，看见雨点沿着玻璃窗滑下的刹那，听到了破碎的声音。猛然清醒，就算我一无所有，只要拥有一颗会享受的心，那么这满是水迹的玻璃也能看到美丽。我们原来不需要所谓时髦装扮，不需要穿金戴金，只要一颗美丽的心，人生的美景自然会为我们停留。更何况，此外还有诗歌、音乐、沉思、友情、谈天、读书、体育运动、喜庆的节日……甚至工作和学习本身也可以成为享受，如果我们不是太急功近利，不是单单为着一己利益，我们的辛苦劳作也会变成一种乐趣。

做一个快乐的人，这比什么都重要。就要告别那个曾经迷茫的自己，此刻开始学会感受生活，学会品味生活中的每时每刻的内容。这当然是正经的事。

八、与其相忘于江湖，不如用心珍惜好好爱

爱是一场流星，愿你我都懂珍惜

我们都爱在流星划过的刹那许下自己的心愿，这一刻，仿佛流星能把幸福带给我们，我们是快乐的。我们不知道，流星是那样短暂，甚至你还来不及睁开双眼，它们就已经消失了。

爱就像是一场流星，闪耀的时刻总是那么美，谁也没想到它们竟会如此快地消失在天际。若我们把握不好时间，很快就会错失了它。席慕容在诗歌中曾经说：“而那时候我们并不知道，我们真的谁也不知道啊，那年轻的爱，原来只能

像一场流星雨。”

两个人相爱时，最不在乎的是时间，在我们心里、眼里唯一能感受到的、看到的只是对方那一颦一笑，或淡或浓，别无其他。而当我们分手了，我们最在乎的就是时间，想让漫长的夜快点走过，不想听着滴滴答答的钟声在空荡的房间里回荡，显得如此寂寞和荒凉；想着还要多久才能忘记那个人，不再记起他微笑的脸庞，不再记起他抚摸我额头的样子……爱情起初，一起微笑。爱情结束，却要各自走向不同的空寂。

可是，爱就是这样，不能因为怕失去就不去勇敢追求。因为爱过，即便以各走天涯为结局也不后悔，经历的那份爱早已在心底里生根、发芽，留下了或深或浅的美好回忆。可如果连爱的勇气都没有，恐怕这一生连后悔的机会都不再有了。在你的生命中，我宁愿用一时的青春来做一颗耀眼的流行，也永远都不想默默地闪亮在你的身边，看你和其他人私语，却惟独忘记我的光明。

每个女人都应该趁着夜色尚好，趁着年华尚在，勇敢地去爱一场。只因青春太仓促，再不疯狂，我们就老了。但我们也不要忘记，若能执子之手便要好好珍惜，相守到老。如果你们终究还是要分开，那么也请在分别的时候，和对方好好地说一声再见。因此在他遇见你的所有日子里，他必定也是倾尽了全身的气力来爱上一个最终要成为陌路的女人。哪怕是单单只为这份执念，也该换回一次牵手时的温柔。

爱，错过了就错过了

尽管他们说世间种种

最后终必成空

我并不是立意要错过

可是我 一直都在这样做

错过那花满枝桠的昨日

又要错过今朝

席慕容在《送别》里说出了这样悲伤的话，我们的人生一直在上演着错过和过错的故事，从古至今，从未停止。没有人喜欢错过，我们都欢喜着永远在一起。佛说，前生五百次的回眸，才能换来今生的一次相遇。若今生能有缘遇见，这一辈子一定要死死守望，不辜负这相遇一场。但很多人不懂得珍惜，最终在各自的轮回中形同陌路，即便是擦肩而过也都不认得彼此。

爱情，就是这样一道永远都猜不透的谜题。你永远都不知道会在何时遇见自己的爱情，也永远都不知道会在何时遇见未来因错过而悲伤的自己。当我们猜到谜底，才发现，宴席已散，一切都已过去。当我们猜到谜底，才发现，一切都已过去，他早已成为了风化的记忆，岁月早已更换了另一个谜题。我们的一生实在太短暂了，根本就没有时间去为错过惋惜，然后等来了匆匆的烟消云散，你我各自天涯。

席慕容曾向天发问："人若真能转世，世间若真有轮回，那么，我的爱，我们前世曾经是什么?"或许你曾是一个采莲的女子，曾经不经意地错过一朵专为你盛开的莲花；或者你是一位旅途游客，曾经不经意地错过了一张专为你守候的容颜；或许你曾是黑夜里绽放的那朵美丽小花儿，终究无缘将自己的灿烂展示给最爱自己的人……那些错过的，究竟是爱情，还是自己的人生？这些早已经成为心底无法讲清楚的故事，在时间的陈酿中，在黑夜来临的时候酥软着各自的身心。

或许我们会安慰自己，这一世不得相爱，下一世定要再相聚。只是再动人的轮回，都终将抵不过这一世错失的遗憾。人世间的情啊，不过是一个不可后退的时间轴，错过了就错过了。而我们自己也唯有勇敢向前走，到了那个时候，请不要再留恋，因为在我们以后的世界中，必定还有另一个人出现在生命里。他或许有着如棉花般的软软温柔与疼爱，或许因为上一世与他人未完成的痴恋而轮回到了今生，将所有美好的爱都补给了我们，我们就这样顺着一场缘分走着走着，然后再下一世，再下一世，直到在我们的世界中再没有他。

抓住爱情，要从容不要舍命

一只老鼠爱上了蝙蝠，于是便去向蝙蝠表白、求爱。

老鼠说：我爱你。

蝙蝠说：我并不爱你。

老鼠伤心不已，大叫道：为什么？

蝙蝠说：因为我们不适合，我们不是同类，所以我们并不是一路人。我理想的爱情正是和心爱的人一起飞翔，你没有翅膀，如何和我一起飞翔？

老鼠说：好吧，为了和你在一起，我愿意牺牲。我可以为你改变，为你飞翔起来的……

蝙蝠说：你不可能学会飞翔的，飞翔需要翅膀。

老鼠已鬼迷心窍，被爱冲昏了头脑。它说：我相信爱情的力量，都说爱情是有魔力的，所以，爱情可以让我飞翔。不信的话，我现在就飞给你看。

说着，老鼠便找来了与蝙蝠翅膀差不多大小的两片树叶，一边扇动着，一边向悬崖边跑去……

很多女人在爱情的面前往往就像故事中的老鼠一样——为了爱情甚至可以牺牲一切，甚至包括自己的性命。对于这句话的印证，我们只需要看看身边那些为了心中所谓的爱情“一哭二闹三上吊”的女人就知道了。

很多女人总是对男人说“我爱你，为了你我什么都愿意去做”，她们活在自我的世界中，以为这样的话语对于男人来说是一种甜言蜜语，殊不知男人眼中的爱是干净利落的。如果他爱你，即便你不爱他，他也会想尽方法得到你。他是主动的。而当他不爱你，即便你为了他付出了所有，甚至是生命，他还是不会爱你。就算最终和你在一起，那也是百分之九十的同情和怜悯。可是亲爱的女人们，那不是爱。爱是相互平等的两个人建立起来的关系，并非是弱小群体的收容所。

一个表白不成功的女人对男人说：我是真的爱你，这辈子你不可能再遇到像我这么爱你的女人……为了你，我可以付出一切，包括我的生命。

男人不以为然，以为这是一句玩笑话。

可是一个晚上，女人真的买了一瓶安眠药喝了下去。

女人的爱看起来似乎总是惊天动地，仔细想来却也透着一股傻气。为了爱众叛亲离，为了爱牺牲生命，为了爱可以不顾一切，只靠爱情活着，人生是如何的残缺。世界上的感情不止爱情一种，做不成爱人可以做朋友，一味沉浸在“得不到他便没有了生命的意义”的旋涡中的女人，早已想的不是爱情，是一种胜利，一种一定要“得到”的快感。心中念的也不再是那个男人，而是自己，满足自己便是天大的事情。殊不知这样固执，执着，甚至会丢了自己的性命。退一万步想，这样的女人即便得到了想要的爱情，也是不会经营的。因为她们早已在爱情中失去了平衡，得来不易，便更加恐惧失去。每日胡思乱想，每日敏感多疑，早晚还是会毁掉了这份爱情。

所以说，一个女人爱得越从容，心便可以越理智，活得也更加洒脱和快乐。从容爱，不仅可以更好地享受爱情，还可以更好地处理爱情与生命中其他元素的关系，让自己对人生的控制更游刃有余。

爱情也是个距离问题

一个即将出嫁的女孩向她的母亲提了一个问题：“妈妈，婚后我该怎样把握爱情呢？”

母亲听了女孩的问话，慢慢地蹲下，从地上捧起一把沙子。只见那沙子捧在母亲的手里，圆圆满满的，没有一点流失，没有一点撒落。

接着母亲用力将双手握紧，沙子立刻从母亲的指缝间泻落下来。女孩望着母亲手中的沙子，领悟地点点头。她终于明白了母亲的意思，爱情也是个尺度问题，握得越紧，失去的反而越多。

爱情是美好的，只是因为它加入了沉浸在爱河中的人的想象。没恋爱前，我幻想他是一个英俊的男子，有着坚实的肩膀，有着宽阔的胸膛，有大男人般的成熟，有小男人般的体贴和温柔，便患上了相思病，“为伊消得人憔悴”。然而待到你们相识、相恋，那个美好的形象全然颠覆，他原来是如此小气，仔细看眼睛还那么小，走路时腿还是外八字……距离更近了，让你们的爱却更远了。见的次数多了，也不再心心念着了。

让爱情保持点距离就是这个原因，有点距离，那个人总是在你足够多的想象空间里，在那个自由的空间里，你可以忽略掉他的一些缺点和缺陷，可以肆意的把他想成你希望的样子，勾画着他脸上的柔情蜜意，想象着他是如何温柔地看着你，然后在心里弥漫出甜蜜的幸福感受。虽然他可能还不认识你，但在你的意识里，对他已经非常熟悉了，他已经成为了你最亲密的人。

也许一个持久的伴侣终究是需要亲密相处的，但亲密无间，也终究会杀了你们的爱情。因为爱情，就是这么一个又真切又虚幻的东西，而这个意境，需要一定的距离才能够实现。

张爱玲有一句话对距离美有个绝妙的注解：认识时间短，可是相思是长的——想得太多了，就失了真。需要一点时间的发酵和经过想象的处理，爱情才能在你心里生根、发芽。

爱情死于亲密。曾经再怎么死去活来的爱情，一旦流于朝夕面对，顷刻间就失去了味道。保持神秘，是维系爱情的秘诀。有一句话说的好，“也许分开能让我们更亲密。”遭遇爱情，年少的人总是迫不及待的想每时每刻在一起，却没想过没有距离爱情会死得更快。而成熟的人，无论男女，都不再那么急切的想要亲密无间，他们知道爱情也有保持距离的奥妙。

相互取悦的艺术

美丽的女孩，总不乏有人取悦。芳芳自持美貌，对男友百般骄矜。每次两个人吵架，不管错误在谁，总是男友打电话发短信去找她，她不理，最后还要男友低声下气地登门去哄。有时芳芳甚至要男友自打耳光，才同意言归于好。

一次男友生病做了手术，恰逢芳芳公司组织长途旅游。男友希望芳芳留下来陪伴他，芳芳却不高兴地说："不就一个手术嘛，又死不了人。"她执意去旅游，因为气不过他阻止她，所以她旅游期间连一句问候也没给过他。

芳芳回来后，男友几天没理她，她想等他身体痊愈了，他自然会像以前一样乐颠颠地跑来找她。可是这一次，她等啊等，终究没等到男友出现。芳芳第一次感受到了冷落般的感觉，但终究因为内心的高傲，几次输入的手机号还是没有拨打出去。直到有一天，芳芳在购物时不小心看见了他，他一手拎着购物袋，一手牵着个女孩。那女孩不如芳芳漂亮，但她有一双温暖的眼睛。

取悦，被解释为取得别人的喜欢，有讨好的意味。当我们说一个男人很会取悦女人，或者说某个女人取悦男人很有一套，这好像多少带点贬义。因为取悦意味着刻意逢迎，曲意承欢，有抛弃自尊、费尽心机讨好他人之嫌。所以，大多把自己看得很重的人，是不屑于取悦他人的。但是，在一对建立了平等和相互尊重的爱情之间，取悦，却是一个美好的词，情感上的取悦，性爱上的取悦，表现的是一种发自内心的、愿意让对方快乐的付出精神，它是想拥有美好爱情的人心怀的一种特殊情谊。其实，所谓爱情，不过就是两个人互相取悦的艺术，我爱你说明我愿意放弃部分自我取悦你；我愿意为那么一个人放下我那副高傲的架子，变成他喜欢的模样；我愿意为了不让他担心，而放弃那些澎湃的生活，缩起来做个乖乖女；我愿意为了能少些争吵，多些和谐，刻意地避开他的禁忌……我不爱你无非是你不值得我为了你而放弃一点点自我去讨好你。

爱是一个心智成熟的明媚选择，它是经营，是包容，是为了能够拥抱，而愿意把自己胸口的刺磨平。建立在平等、快乐基础上的爱情，恋爱的人对取悦的渴望，就像植物对甘露的渴望，植物没有水的滋润是活不成的。恋爱中的人没取悦的调剂，早晚说再见。

“今晚的饭菜真香啊，不错不错。”男人一坐到餐桌前就说。

“呵呵，你今天情绪不错哦，有什么开心事吗？”女人问。

就是这样一些简简单单的话语，就能让坐在宽敞的房间里的两个人，在橙色的荧光灯下，和着柔柔的光线，变得温暖、快乐。相互取悦，这是比尊重更高层面的一种精神上的愉悦。容颜能够随着岁月的更迭而变老，但是对方眼里的那个你，却能在他的取悦中更显璀璨。

爱，原就是恒久忍耐

《圣经》里有一段关于爱的阐述令人印象深刻：“爱是恒久忍耐，又有恩慈；爱是不嫉妒，爱是不自夸，不张狂，不作害羞的事，不求自己的益处，不轻易发怒，不计算人的恶，不喜欢不义，只喜欢真理；凡事包容，凡事相信，凡事盼望，凡事忍耐。爱是永不止息。”

什么是爱？爱就是恒久忍耐。但在很多人的印象里，爱情应该离不开风花雪月，离不开拥抱与亲吻，却可以离开忍耐而存活。但现实生活中，当两个人真正走到一起开始谈情说爱甚至是生活在一起时，每一对爱人都不得不一手拿着玫瑰一手拿着扫把继续爱情，共同面对含在爱情里的是是非非、柴米油盐、痛苦快乐。

这种转变，男人往往比女人更快适应。因为女人总是能够忍耐一时，却很难将忍耐坚持到最后。在刚恋爱时候，她总认为他的恶作剧是幽默，他爱看足球当做是他的伟大爱好去尊重，他不修边幅是他的风度……而随着时间的流逝，女人却觉得男人越来越无理取闹、只看足球没有把老婆放心上、邋遢……这些曾经她不在意的事情，现在一一都被摆上了台面，并且觉得忍无可忍。原本的浪漫小伙儿变成了庸俗男人。

时间，让男人在爱情里越来越本色，让女人变得越来越挑剔。其实男人女人都没错，在没有彻底敲定彼此的关系前，每个人都认为自己应该忍气吞声。通常这样的男人，都是遇到了一位条件好的女人。通常这样的女人，都是遇到了一个爱她疼她的男人。既然初始选择了相爱，那么就该将忍耐坚持到底。因为你不能容忍他，你也就不能忍耐除他之外任何一个你重新选择的人，你也就永远无法拥有一份长久而真实的感情，除非你真的不爱。

胡适是个脾气很好的人，在婚姻中由始至终担任着“忍耐”的角色。妻子江冬秀性子泼辣，既有温柔贤淑的一面，也有蛮不讲理的时候，胡适用他的容忍，包容了她一生。因为有忍耐，有包容，成长背景、性格完全不同的两个人，才会从携手走过民国，走过战乱，走完了动荡而传奇的一生，成为民国史上一段佳话。

爱情里，最重要的就是忍耐。忍耐能使大事化小、小事化了，减少爱人之间的摩擦次数，保留爱情的原本幸福状态。很多浪漫的爱情没能有个美好的结果，并不是发生了什么大不了的事情，仅仅因为两个人都不能忍耐，使愤怒的烈焰焚烧了爱情的玫瑰园。

爱是一种理解和尊重

和一个人开始起初相识、相爱，到成熟走向婚姻，我们都在学习一门功课，那就是相互理解，相互尊重。爱情里的任何事情想解决好，活头源水都来源于此。理解对方，我便可以不计较他有一个异性朋友；尊重对方，我就不会去偷偷查看他的短信和电话记录；理解对方，我就想多给他想要的那种爱；尊重对方，我就不会在大庭广众面前大声训斥他；理解对方，我就会在他回来晚的晚上留给他一盏灯；尊重对方，我就让他在朋友面前任何时候都有面子……多理解，多尊重，才会使得爱情升级，从恋人升级为亲密爱人。男人需要的是尊重，女人需要的是爱，因为男人得到了女人的尊重，才会更加地爱着对方，女人得到了男人的爱，也会更加的尊重。相互理解和尊重，双方所需才能满足，爱才能甜蜜。

每一对新婚夫妇都会发出这样的誓言：“不论富贵还是贫穷，疾病还是健康，我们都会不离不弃，永远在一起！”然而，没过多少年，男人和女人就觉得烦恼不安了。妻子们抱怨：“我的丈夫并不爱我。”而愁眉不展的丈夫则会说：“我的妻子一点也不理解和尊重我。”男人女人都背离了爱的誓言。

爱情里有许多矛盾，女人需要爱，渴望很多很多的爱。但很多男人不理解这点，总是对她们的关怀与疼爱不够。男人天生需要被尊重，渴望很多很多的尊重，但很多女人总对他们大呼小叫。没有感受到男人的爱，女人就会拒绝尊重丈夫，以示反抗；没有得到女人的尊重，丈夫就会拒绝付出爱，以示反抗。久而久之，一个“疯狂怪圈”就形成了。

若没有理解和尊重，男人和女人，也就如同一座桥，男人站在这头，女人站在那头，彼此遥遥相望却不得亲近。

情感心理作家苏芩说过这样一段话：“懂你的人，会用你所需要的方式去爱你。不懂你的人，会用他所需要的方式去爱你。于是，懂你的人，常是事半功倍，他爱得自如，你受得幸福。不懂你的人，常是事倍功半，他爱得吃力，你受得辛苦。两个人的世界里，懂比爱，更难做到。”学会理解和尊重对方，比思考如何爱对方更重要。

《圣经》里说：“你们每个人都应当爱妻子，如同爱自己一样；妻子也应当尊重她的丈夫。”当我们反复体会这句话时，终于发现了爱与尊重的秘密。学会理解爱和尊重，你也就会爱了。

对弈的人已走，何必在意那一局残棋

苏格拉底：孩子，为什么悲伤?

失恋者：我失恋了。

苏格拉底：哦，这很正常，如果失恋了没有悲伤，恋爱大概也就没什么味道。可是年轻人，我怎么发现你对失恋的投入甚至比对恋爱的投入还要倾心呢。

“爱情就像手中沙”，每个拥有爱的女人就好像手中握了一把沙，因为觉得太爱它，便舍不得它一粒粒地往下掉，于是紧紧地握着。可是手中的沙子总是不听话，她握得越紧，它跑得越快。此时她的心，是感伤的，是失落的，是恐慌的，是迫切的。拼尽所有力气去挽留，却终究落得它逃离了。

爱情就是这样，它并不是一条平坦的大道，能够和初恋情人结合的人，真是凤毛麟角。人们总会经历至少一次、甚至多次心碎的失恋和分手。问题是，失恋后该怎么办呢？终日痛哭流泪，还是忘记过去继续我们美好的生活？答案当然是后者。对弈的人已走，你又何必在意那一局残棋。就像苏格拉底所说，为什么要对失恋的投入甚至比对恋爱的投入还要倾心呢？对于爱情能够提得起放得下的女人，才是一个智者。

一位聪明的姑娘谈及自己的失恋时说：“恋爱是男女双方的事，一厢情愿是不行的。对方对你已经关闭了爱情的心扉，中断了恋爱关系，你又何必自作多情、寻死觅活呢！不妨宽容一点，洒脱地和他分手。一次爱的幻灭会使人更新自我，感情更深沉，气质更成熟。只要有充分的自信，爱神会再度来临的。可以失去爱，但不可以失去爱的能力。”

失恋固然痛苦，但并非意味着世界末日，就像我们能享受爱情带来的所有甜蜜一样，女人也应该勇敢地承受爱情带来的一切痛苦。他走了，你又何苦苦苦挽留？他走了，你又何苦为难自己，让自己变得更落魄不堪？

傻女人都是被爱情玩在手心的，但睿智的女人却能将爱情玩在手心，因为爱情对于她们来说，来来去去，一切皆从容。对于已然破坏或是不复存在的爱情，睿智的女人总是不会过多留恋，她们能从失恋中找到“放下”的理由，找到“不伤心”的理由，找到重新面对生活、期待幸福、寻找幸福的理由。也正因此，爱情对于她们总是不缺少的，因为任何时候她们放弃的是那个不爱自己的人，却从未放弃过对爱的信仰。

关于这点，张小娴也有一种理性和超然的态度。她在《我微笑，是为了你微笑》中说：“两个人在一起是为了快乐，分手是为了减轻痛苦，你无法再令我快乐，我也唯有离开，我离开的时候，也很痛苦，只是，你肯定比我痛苦，因为我首先说再见，首先追求快乐的是我。”爱，从来就是一件千回百转的事情。结束一段痛苦的感情，谁先说再见，谁的灵魂就会先得到救赎。

幸福没有捷径，只有经营

我常在想/应该再也找不到/任何人/像你对我那么好

好到我的家人也被照料/我的朋友/还为你撑腰

你还是有/一堆毛病/改不掉/傲起来/气得仙女都跳脚

可是人生/完美的事太少/我们不能什么都想要

你是我最重要的决定/我愿意/每天在你身边苏醒

就连吵架也很过瘾/不会冷冰/因为真爱没有输赢/只有亲密

你是我最重要的决定/我愿意/打破对未知的恐惧

就算流泪也能放弃/将心比心/因为幸福/没有捷径 只有经营

你是我最重要的决定/我愿意/每天在你身边苏醒

就连吵架也很过瘾/不会冷冰/因为真爱没有输赢/只有亲密

你是我最重要的决定/我愿意/打破对未知的恐惧

就算流泪也能放弃/将心比心/因为幸福/没有捷径/只有经营

这是一首幸福的歌曲《最重要的决定》，范玮琪用她美丽的声线唱出了自己对爱情的诠释，她也如同这首歌一样嫁给了这世界上最疼她、爱她的男人。在爱情初始，我们每个人都有恐惧，美好的爱情可以帮助你打破这种未知的恐惧，男人爱自己越深，给女人的安全感越多，这种恐惧感越少。否则，这种未知的恐惧早晚会冲破你们之间的爱，让它消失在人海。幸运的是，女人大多是用情专心的动物，她们一旦陷入爱情中便很难放弃，对爱情的执着，女人一向是高于男人。她们有一种观点，那便是：若爱了，就会深深爱下去。爱过却相忘于江湖的幻想让她们不敢想象，也不愿意尝试。她们坚持认为与其相忘于江湖，不如用心珍惜好好爱。只要你肯勇敢地陪我走下去，那么我一定会冲破未知的恐惧勇敢嫁给你。

每一个人都渴望美满幸福的婚姻，与一个人相伴一生是每一个人最重要的决定。但不要因为过分的苛求而给你的另一半增加沉重的负担，真正幸福的婚姻需要夫妻双方的用心经营、呵护，因为幸福真的没有捷径，唯有经营。

他和她有过轰轰烈烈的曾经，那么疯狂，那么热恋的曾经，于是她奋不顾身地嫁给了她。婚后琐碎的生活她之前有过心理预期，可是当现实真正来临的时候，她还是不知所措。他们不再有之前那般疯狂的激情，不再有每天的甜言蜜语，不再有你谦我让的尊重，有的只是柴米油盐的算计着过日子，有的是每天唧唧哇哇因为一点小事就开始的争吵，有的是他嫌弃她唠叨她嫌弃他又懒又脏……庆幸的是，他们都是懂得反思的人。难道是婚姻出了问题?两个人常常各自反省。

有一天，她突然感觉到了他的改变，他开始收拾房间，下班后会陪着她一起做饭、聊天，特别的日子他还会送上一份小礼物。

看到他的改变，她也重新清理了自己的思绪。她停止了每天的唠叨，转变为每天的夸赞，并且还会主动跟他沟通、交流，让对方说出自己的缺点并且改进。

就这样，他们之前的那种爱情激情又回来了，他们又开始了幸福的生活。

幸福的婚姻都是建立在日常小事的尊重和理解中，两个人彼此用心去体悟对方的难处，在对方遇到挫折或者困难的时候能给他（她）一个温馨的港湾，幸福就在这一点一滴中经营起来了。有一个姑娘问奶奶："为什么你和爷爷能那么相爱到现在?"奶奶笑着回答说："我们那个年代，什么坏了想的都是去如何修，而你们这个年代什么坏了想的都是去换。"是的，婚姻也如此，一辈子没有磕磕绊绊很难，唯有懂得如何去修理去经营才能获得一辈子美好的爱情。若出了一点问题就想着放弃，那么没有一个人能陪一个人白头偕老。幸福都是两个人用心经营的结果，与其让两个人从爱人变为陌生人，何不学会苦心经营，好好珍惜这份爱。

九、愿得一人心，白首不相离

相信爱情，才能拥抱爱情

“背后凶厉的魔龙，不管它凶也不凶。为摘前面的草果，敢豁出这条性命。”这是仓央嘉措《情歌》中的第六十四首。一颗为爱不怕与“凶恶妖龙”斗争的勇敢的心，不追逐名利，不惧怕生死，只为一个她。他不退缩，决心摘到前面那香甜可口的“草果”，也决心为自己渴望的心奔赴生命的挑战，这草果，便是爱情。

爱情是人生中美好的一种情感体验，如果你会爱。只要有了爱情，花儿会说话，鸟儿会唱歌，黑夜也透明。爱情是美好的，当你可以成熟地处理它所带来的问题时，享受爱情是一件非常幸福的事情。爱在能爱和会爱的人面前，永远是大方呈现，给他们最美的享受。

然而爱情也是痛苦的，如果你不会爱。

我们相爱过吗?

或许相爱过。

有多久?

好像是一瞬间。

那剩下的呢?

剩下的，是无尽的惦念以及风干的记忆。

电视剧《似水年华》中的对白，真实地写出了失去爱情的无奈与悲伤。是的，失去了爱情的人，像是失去了生命的重心，心灵会迷失方向，人生也会迷航。失去爱人的心情就像是北极下的雪，夏天也寒冷。爱情成为了一种折磨。也因此，很多人在失去爱人之后，都会说着同样一句话：我不再相信爱情了。

爱情本就如此，给予我们双重体验，痛并快乐着。然而我们应如泰戈尔所说的那般去做："相信爱情，即使它给你带来悲哀也要相信爱情。有时候爱情不是因为看到了才相信， 而是因为相信才看得到。"

因为相信爱情，才有了相爱的宿命。

因为相信爱情，人们才愿意不顾一切地相遇，所以一切都是幸福的模样，即便穿过万里风沙，下过刀山火海。因为相信爱情，人们不会轻易悲伤，即便曾经失去过，依然有随时可以为对方疯狂的热情。因为相信爱情，人们才不断吟唱着"问世间情为何物，直教人生死相许"的感慨。

朱自清说我们不能白白地来到这个世界上走一遭，生活到底是什么，每个人都在用一生的时间思考着这个问题。当华美的叶子落尽时，生命的脉络才清晰可见。现在我们需要的并不是一个答案，而是当生活推着我们转，教给我们一些东西，抛给我们一些东西时，我们要勇敢地接住。

是的，比如爱情，它是让我们成长的东西……唯有先相信它，勇敢地接住它，才能拥抱最美的它。

原来你也在这里

张爱玲写过这样一个女子，生得美，有许多人来做媒，但都没有成功。那年她立在后门口，手扶着桃树。对门住的年轻人走过来，对她轻轻地说了一声："噢，你也在这里吗?"仅仅这样一句话，就在女子的心里刻下了深深的烙印。她常常说起，在那春天的晚上，在后门口的桃树下，那年轻人，对她轻轻地说了一句："噢，你也在这里吗?"。

韩国法顶禅师在《活着，就要幸福》中说："佛家云：因缘具足，则相逢。倘若因缘未至，即使具备相逢的条件，也是无法相逢的。"大千世界，茫茫人海，只有你和他相识且相爱，这总是缘分使然。相爱的人走到一起之后，总有久别重逢的感觉，即便是他们不曾相识过。但是那种熟悉的感觉早已在两个人的心头扎下了根，发了芽，才能让两个人擦出火花。

就像老舍先生在《她那么看过我》中写过的一段话："我没和她说过一句话，没握过一次手，见面连点头都不点。可是我的一切，她知道；她的一切，我知道。"

每个女人都幻想着在自己最美的年华里，遇见心底里最想遇见的那个他。你若是问起一个女人，何时才是你最美的时刻，她一定会说就是自己在遇见他的那一刻。那一刻，仿佛时间静止了，所有的美丽只为自己而存在；那一刻，情愫萌动，心跳加快，脸蛋儿绯红，却掩藏不住心底的欢喜；那一刻，好像你懂我，我懂你，只是等待着那一句："原来你也在这里。"

原来你也在这里，让我相信，若无缘，你总赶不上我最美丽的时刻；原来你也在这里，让我明白爱上一个人是一种发自内心的悸动；原来你也在这里，让我相信，爱情是种不离不弃的承诺；原来你也在这里，让我相信，地老天荒，海枯石烂，至死不渝的庄严盟誓，终有一天会兑现。因为缘，妙不可言，今日有幸能在这遇见，明日定要携手并进，比翼齐飞，共创人生。

见到他，女人便低到尘埃里

男人爱女人的过程是：爱——怕——烦——离开，女人爱男人的步骤是：无所谓——喜欢——爱——真情难收。男人爱女人是天鹅变为癞蛤蟆的过程，而女人爱男人则是青蛙变王子的过程。女人的爱总是慢慢进行的，起初，当男人很爱女人时，女人可能还没有爱上男人，而随着时间的推移，女人逐渐被这个男人感动并习惯了对方之后，就开始喜欢并爱上这个男人了。女人都怕习惯，只要她们习惯了一个人之后就变得无可自拔，最终在这个人面前就会变得越来越卑微。所谓俗话说:女人一旦恋爱就会变傻，大抵也是这个缘故。

很多女人都说：“一旦爱上了，智商就为零了。”是的，女人一旦爱上一个男人，便会将自己抛弃了，全身心投入在这个男人身上。就连大作家张爱玲女士也难逃这样的命运，她在给自己爱上的男人胡兰成的照片背后，写过这样一行字：“见了他，她变得很低很低，低到尘埃里，但她心里是欢喜的，从尘埃里开出花来。”这何尝不是对她自己最为生动刻骨的写照与描画？她何尝不曾在一个男子面前变得如此谦卑与温顺？只有爱，能让她一时间忘记了自己，委曲求全也可以。

恋爱的魔力大抵如此。爱上一个可以让自己丧失掉智商的男人并不全都是女人的悲哀，若一生能遇到一个让你“丧失”掉生活能力的男人，实在是女人的一种福气。可是毕竟这样的男人是少之又少。

因此，女人还是要学会爱自己。会爱自己，才能得到被爱，才能更好地爱别人。我们每个人都是独立的个体，没有一个人属于任何一个人，即便是亲情也如此。再爱一个人，女人也切不可把自己放在最卑微的位置里，要学会为爱自己，切不可为对方迷失了自己，其实丢掉“我”的后果就是丢掉“我们”。

当女人学会在爱情中常对自己说出“我很重要”这句话的时候，女人的独立感才能慢慢建立，一个独立性强的女人才有能力握住一份爱，也才能勇敢面对爱情中一切突如其来的问题。是的，女人要经常对自己说：我很重要，我不能完全属于他人，我要有我自己的样子。

女人不要成为改造院

很多女人抱怨男人，婚后的那个他与原来认识的他简直就判若两人。婚前每次见面，他总是干净的头发，干净的衬衫，如今却衣服乱扔一大片；婚前他总是一副雄心壮志的样子，婚后让他看几页书学习学习，他就开始犯困；婚前他下雨天一定去公司接她下班，而婚后他却让她等着雨停了自己坐公交车回家……女人认为男人前后是一百八十度大转弯，自己曾经深深被吸引的魅力男人，如今却变得这样邋遢、不上进、不关心自己……女人埋怨到：“没得到我之前可以用尽手段来吸引我，如今得到了，却再也不愿意改进自己了!”

大凡女人结婚后都有一种奢望：希望丈夫与自己同呼吸、共命运，保持步调一致。因此，无论在哪些方面，生活或者工作上，她都希望男人不能与自己相去甚远。比如自己不抽烟不喝酒，就希望男人也被改造得烟酒不沾；自己喜欢安静，便不希望男人呼朋唤友到家里；自己爱干净便希望男人也要一尘不染；自己心思缜密，便希望男人也细致周到等等。张爱玲说：“女人不喜欢不善良的男子，可是她们拿自己当作神速的感化院，一嫁了人之后，就以为丈夫立刻会变成圣人。”每个女人心中都愿意把自己想象成一位能感化一个坏男人的神，她们在感化的背后找到了“圣母”般的自豪感，认为这个坏男人为我改变了，他只为了我改变的，我就是他最在乎和尊重的人。殊不知，待到真正要去改造男人的时候，她与他都是痛苦的。实际改造的结果也是收效甚微：大部分都是女不欢，男不爱了。女人费尽心机、磨破嘴皮，男人却该怎么样还怎么样；男人开始嫌女人啰嗦、麻烦，甚至有的男人会去另寻新欢。

女人且不可把自己变成为改造院。如果他不是有吸毒、赌博、嫖娼等不可饶恕的恶习外，你就不要去试图改造他，这样往往是徒劳的，还可能得不偿失。“天下没有所谓完美的婚姻，更没有所谓完美的配偶。”著名畅销书作家金韵蓉女士在《女人 30+》一书中关于婚姻这样描述过。想嫁给一个十全十美完全符合自己心意的人是每个女人的期望，然后现实中的男人女人总是存在着这样那样的缺点。有人说“恋爱时睁大双眼，结婚后睁一只眼闭一只眼”讲的也是这个道理，只要不是什么大是大非的原则性问题，一般情况下女人都应多看到长处，容忍缺点。在婚姻这个“不讲理”的地方，我们需要的不是一双“火眼金睛”，也不是一面洞察一切的“照妖镜”，而是拥有一颗宽容另一半的心。宽容比改造更重要。

不让爱情与疑心交谈

汉乐府《艳歌行》里描写了这样一个故事：

翩翩堂前燕，冬藏夏来见。
兄弟两三人，流宕在他县。
故衣谁当补，新衣谁当绽。
赖得贤主人，览取为吾缝。
夫婿从门来，斜柯西北眄。
语卿且勿眄，水清石自见。
石见何累累，远行不如归。

一个寄人篱下的游子，衣服破了，一位善心女子为他缝补，不料却因此引起她丈夫的猜忌。丈夫一进门，瞟眼斜视，怀疑中含有醋意，蔑视中蕴藏愤怒，不信任的感觉油然而生。张爱玲说："你疑心你的妻子，她就欺骗你。你不疑心你的妻子，她就疑心你。"

自古以来，爱情一直在与疑心交谈，疑心一直是爱情中的一个难题。无论是看似粗心的男人，还是心思细腻敏感的女人，在爱情里总是少不了怀疑。怀疑对方是不是爱自己，怀疑他（她）是否有了背叛的行为，怀疑自己是不是真的爱他（她），怀疑你们生活在一起是不是能够幸福……男人与女人在爱情里的疑心，从未停止过。只要爱情在，疑心就不可能消失，因为我们总爱出于爱的目的去控制他人语言和行为。但是爱情最忌讳的也是这一点，爱情一旦与疑心交谈，欺骗就会随之而来。

所以，女人疑心的时候，希望答案快点到来，又希望那一刻永远别来；男人疑心的时候，即便知道所有问题的答案，知道自己的感觉，也不想去相信它们。男人女人都是，每当疑心时就是大脑告诉自己要什么，但其实自己并不想要。欺骗自己的感觉，隐藏自己面对真实的软弱。

其实，爱情中所有的疑心都是从最微小的误解开始的，一次不小心瞥见对方的短信内容，一次不小心碰见对方与异性在开心地聊天，一次对方为堵车迟到所编造的善意谎言……其实原本无大事儿，但只要思想一偏，我们便会疑心起来。女人们总是想不到，越疑心我们离真实的距离越远，越来越看不见被想看见的那面。因为疑心的时候，我们的想象力远比事实有力量，我们不再理性地去判断是非，而是靠偏见去定夺真假，真相自然不能显露出来。

有一个和尚问药山禅师："禅师，我应该怎么做才能不为外部的环境所困?"药山禅师反问："外界与你何干？你为何会被困住?"和尚说："这也正是我百思不得其解的地方。"

药山禅师说："原来还是你自己困住了自己呀！"疑心就如这困境，都是自己跳进去，自己困住自己。要想拥有一份美好的爱情，请别困住自己，困住真实，不让爱情与疑心交谈。

爱你没有别的目的，只是爱你

爱情到底有目的吗？难道爱情是为了金钱，是为了地位，或是为了性？我想三毛给了我们一个精致的答案。

在三毛的眼中，爱是一种甘愿。她曾说："人生最大快意在于心甘情愿，是为甘愿。"爱情最美丽动人之处便是，你我曾是不熟悉的陌生人，而如今却因为甘愿走到了一起。我甘愿为你放弃我所有自由，倾尽一生去爱你；我甘愿为你赴汤蹈火，与你永不分离。这就是真爱，没有目的，只为了爱。若非要说爱情到底有目的的话，那便是爱你，爱你就是我最大的目的。

我们都需要爱，就像我们呼吸需要氧气一样，爱是我们能量的一大来源之一。我们追求爱，是因为爱本身是美丽的，它散发出来的样子和传递的信息都是能让人心情愉悦的。这是爱带给我们的快乐，并不是爱的那个人带给我们的。我们与那个人相爱，只因为他符合了我们对爱情幻想的样子，他能给你快乐，能陪你忧伤，能与你一起牵手、拥抱、接吻，一切美丽都是爱带给你的。尤其是在初涉爱河之初，那一抹淡淡的微笑，那一款柔情似水的眼神，都能让对方为之动心，心潮澎湃。爱是美好的，那些和爱相关的事物也一样美好得让人憧憬：天涯海角的石，山堑索析上的同心锁，浓浓丝滑的巧克力，情人眼角的皱纹，一切，都因为有了爱的赋予而变得更加神圣。风亦如歌，爱亦如歌。所以你快乐着他的快乐，你幸福着他的幸福。但倘若你怀着目的去恋爱，你想要他给你优厚的物质基础，你想要他给你男人般的关怀，你想要他……一切都是你的目的，当你爱的时候，若他没有达到你的目的和要求，你便开始伤心、失望、难过，只因为你起初就没有抱着为了爱的目的去爱。

那些没有目的的去爱过的人，纵然是伤过，痛过，却仍然相信，仍然期待，仍然祝福，只因为这是爱情赋予她的伟大力量。

曾经红遍全球的美剧《欲望都市》里，女主角 Carrie 和俄国富商男友分手时曾说："和你分手，不是因为我了解了你是个怎样的人，而是我知道自己是一个怎样的人——我是一个在找寻真爱的女人。"

什么是真爱，或许有很多种答案。但相比于这个问题，"什么不是真爱"，要容易回答得多。比方说，大家都会同意："有目的的爱都不是真爱"。

和你一起绽放

《恋恋笔记本》一部根据美国畅销作家 NicholasSparks 的小说改编的电影，它讲了一个感人至深的故事：

一家风光迤逦的私人疗养院，一位神秘的老男人每天都会准时拜访一位患有老年痴呆症的老女人。他总是在腿上摊开一本褪色的笔记本，笔记本上，秀美的字迹，记载着发生在那个夏天的爱情。他总是轻轻地为女人讲述着，每当女人听到日记中的字句，脸上就会迸发出异样的神采，仿佛再次回到那段激情燃烧的岁月。

都说爱情开始的时候最浪漫，他在图书馆总是默默关注着对面的她，他总是在巷子口等待着她回家，他买了九百九十九朵玫瑰对你大喊“我爱你”……爱的起初总是疯癫的，如痴如狂。表面看似乎最惹人动心，最让人感动。其实，这世上最浪漫的不是爱情的开端，而是邂逅之后心爱的人能在酸甜苦辣的生活中与你一起绽放。

我们都知道不是谁的遇见都会不离不弃，重要的是，今生，我们遇见了，你却从未想过离弃。不是所有的丑小鸭都会变成白天鹅，重要的是，这样的我，你却愿意相守一辈子。这样柴米油盐的生活中，你愿意与我一同感受，一起品尝酸甜苦辣，绽放我们的爱情，绽放我们的人生，一起绽放，直到生命尽头。

当我们老了的时候，仍有一双苍老的手牵着我们，虽然已经不再强劲有力，却足以让我们相互扶持，默默地度完余生；当我们老了的时候，仍有一个人愿意为你读一本书，写满彼此记忆，然后一起回味那段青葱岁月，一起笑，一起哭；当我们老了的时候，仍有一个人用他干瘪的嘴唇吻着你只剩下牙床的嘴巴，陪你一起安眠，那份守护比年轻时更醇厚。

即便当我们死了，消失在人世间的时候，仍有一个人和孩子们说："有你们母亲的地方就是我的家。"

虽然人生总是不尽如人意，总是有磕磕绊绊，有挫折痛苦，可是，我不怕，亲爱的，那真的都不重要，因为我知道你一直陪着我，陪着我绽放。

执子之手，共赴一世情长

百年修得同船渡，千年修得共枕眠。预见他是上天最美的眷顾，没有他，她该还是怎样的流离颠沛，居无定所？没有他，她是怎样地穿梭在灯红酒绿中买醉？是他，见到他的第一眼，她便心动了，于是开始了魂牵梦绕的思念。真庆幸，他们恋爱了。

当她 24 岁时，他们在一起，牵手去见彼此的家人，努力获得家长的认同。

25 岁时，他们走上了红毯，她为他挽起留了很久的长发，做了他最美的新娘。

26 岁时，他们在一起，兴奋地迎接那个新生命的诞生。

28 岁时，他听着孩子稚嫩的声音，叫他"爸爸"，她在厨房里笑得灿烂如花。

33 岁时，他们携手走过了那 3 年之痛、7 年之痒，继续着他们的小小幸福。

40岁时，他们的生活早已归于平淡，柴米油盐的日子每天继续，他和她每天讨论着怎么管孩子读书、怎样伺候父母，但彼此的目光仍会追逐对方的身影。

60岁时，他们在一起享受孙儿绕膝的天伦之乐，但是他在她眼中还是曾经爱闹爱开玩笑的“孩子”，而她也仍然是他眼中那爱笑的姑娘。

80岁时，他为她慢慢地摇着摇椅在外面晒太阳，享受生命中的每一天……

爱是牵手，更是铭记。只有永恒不变的时间，才能见证亘古不变的爱。

情爱在某个时刻的某个地点，会突然迸发出无法抑制的热情，常会令人在措手不及的时刻就陷入爱恋的沼泽中无法自拔，虽然这份感情的后果无法预知，但当你回忆起茫茫人海中的那次牵手，早已是一生的情长。从此，千山万水，也无法阻隔。

苏东坡曾说：“薄薄酒，胜黄汤；粗布衫，胜无裳；丑妻贱妾胜空房。”男欢女爱，即便是贫贱夫妻也能百事顺畅，人世间的美好爱情能战胜过一切悲哀与贫穷。因为有爱，遍尝人间所有的愁苦也不怕，因为知道无论何时都有对方依靠的肩膀；因为有爱，千万场的离别又何妨，有两颗彼此相爱的心，终究能有情人终成眷属；因为有爱，生老病死也不再惧怕，因为知道有他的手一直牵着从不曾放开……

如果爱，请深爱

5岁时，一个男孩在她惊恐中，牵起了她的手，陪她回家。当时，她忘了问他的名字，只记得他手心的暖。

6岁时，她的小礼服裙在班级中显得格格不入，于是她低头不语。他见此状走过来，牵起她的手。她看见了他那浅蓝色瞳仁，她记得他手心的温度。

14岁时，她躲在角落里偷看他打篮球，结果被他发现。他又好气又好笑地拖着她，坐到了最前排的座位上。她觉得他的手变大了，那样有力，但是温度一样，熟悉的暖。

16岁那年，她坚持要他吻她。他犹豫着说，他家很穷，怕配不上她。她不让他说下去，踮起脚尖主动吻了他。那个晚上，他跑到树林里，摘了一大捧娇艳的野玫瑰送给她。隔着她家后院的铁栏杆，她把他伤痕累累的手贴到了自己的脸颊上。当时，她觉得，一生的幸福亦不过如此。

她满24岁时，她的父亲找到他说，如果爱她，建议他离开。他知道自己的选择，诀别前，他在她窗下站了整整一夜。

25岁时，她结了婚，随先生移民国外。

她一生安定富足。

她75岁那年，她的丈夫去世了。儿子执意接她回国同住。可是，3个月后的一个清晨，她醒来后发现，她再也看不到美丽的阳光了。儿子急匆匆请来当地最好的医生。那个白发苍苍的老专家在走进房间的一瞬间，突然愣住了。老专家颤抖着走向她，仿佛回到了50年前。轻轻的，他握住轮椅扶手上她瘦骨嶙峋的手。这时，她脸上的皱纹突然凝住，然后又舒展开来。她摸索着，把那只同样苍老的手贴到了自己的脸颊上，低语着说："就是这个温度。"

她的眼睛仍旧没有恢复光明，但他还是满心欢喜地娶了她。结婚那天，她挽着他缓缓走在红地毯上，她泪光闪闪，感觉自己就像70年前那个被他牵着的小姑娘。

这是英国莉莉·莲安的那篇《执子之手》讲述的爱情故事，感动中充满着对爱的敬意。若说这世界有永恒的话，爱便是其中一种。它始于自然，产生于瞬间，刹那便是永恒。我喜欢的你永远在心里，即便这辈子千难万险的阻隔，终究隔断不了那心底中深深的思念；即便你在这边，我在那边，爱却还是在心里纠缠；即便我们终究不能相亲相爱，却也在心里原谅了你，祝福着你……爱了，就要深爱。若能有缘在一起，就让我们挤在一张病椅中一起赴黄泉，想必眼泪都是幸福的。若无缘在一起，就让心底充满满满的祝愿，你若安好便是晴天！

十、爱家的好女人

家，有安稳且永恒的意味

张爱玲曾说过这样一句话：“我发现弄文学的人向来是注重人生飞扬的一面，而忽视人生安稳的一面。……而人生安稳的一面则有永恒的意味。”人生轻舞飞扬固然重要，但是与安稳相比，则多了一些轻佻，少了一些永恒的味道。每个女人都有这样的情怀，她们不求得嫁给一个让她大富大贵的男人，能给她披金戴银，只求能有一如意郎君白首同心，每天回家和她一起吃饭、睡觉，聊聊家常事儿。多少婚姻死在安稳和永恒上，只因为她们还没看清家真正的意义。

《牡丹亭》中杜丽娘为情痴，为情怨，因情逝，又因情复生；“爱着你像心跳难触摸，画着你画不出你的骨骼，记着你的脸色是我等你的执着，我的心只愿为你而割舍。”歌曲

《画心》幽怨，痴情，却很难避免悲伤的基调。爱情究竟为何物，让千万人为之痴，为之狂，为之沉醉，为之迷离。

可是我们发现，曾这样痴、这样狂、这样让人沉醉和迷离的爱情大多都以悲剧结尾，反而那些不为文人墨客写在纸上，记载在册的普通市井小民的平淡的情感走得比较远。

人人都说婚姻是爱情的坟墓，可是也有人说如果爱情没有婚姻这个坟墓，那么爱情岂不是死无葬身之地了？此话说得甚有道理，不是婚姻是爱情的坟墓，只是那颗躁动的心还没有安静下来，不愿意安静下来，只是想一直那样飞下去，不安下去。

胡兰成与张爱玲结婚时，两人未举行仪式，只以一份婚书为定，文曰：胡兰成张爱玲签订终身，结为夫妇，愿使岁月静好，现世安稳。

前两句为张爱玲所写，后两句出自胡兰成之手，是这个男人对女人的承诺，张爱玲欣喜于胡兰成的这句话：岁月静好，现世安稳。最美好的爱情也莫过于此，没有轰轰烈烈，唯求这世上能有人懂我、听我、疼我，彼此健康，能平安终老。

都说爱情需要激情陪伴，而真正成熟的爱情往往更离不开“安稳”。作家三毛说：“我不求深刻，只求简单。”简简单单，牵着对方的手，一起上班下班，一起看管孩子，一起洗衣洗碗，一起散步，一起快乐。即便我们头发白了，牙齿掉了，依然有另一个人陪伴在身边，简简单单地和我们说着那些不着边际的话儿，爱情之美就在这里了。其实简单便是深刻了。

爱情因为浪漫而唯美，因为婚姻而升华，浪漫固然是爱情所追求的，安稳平淡有一个简简单单的家才是爱情的最终归宿。

爱家，但别做屏风上的鸟儿

张爱玲在小说《茉莉香片》中描绘过这样一个女人：冯碧落，一个有着如她的名字般年轻美丽的女子，曾经有过清纯可爱的生命，有过不多一点的人生理想追求，有过青春朦胧的初恋，可是岁月无情走过，让这个女子沦落成为一只屏风上的鸟儿一般。即便给她开了笼子，她都不会飞出来，只是死一般的沉寂。

张爱玲这样说她："她不是笼子里的鸟。笼子里的鸟，开了笼，还会飞出来。她是绣在屏风上的鸟——悒郁的紫色缎子屏风上，织金云朵里的一只白鸟。年深月久了，羽毛暗了，霉了，给虫蛀了，死也还死在屏风上。"这样一个年轻貌美的女子，一旦被心束缚，便也失去了飞舞的能力，这是女人最大的可悲之处。

中国传统社会的伦理规范强调"嫁鸡随鸡嫁狗随狗"，一个女人一旦出了嫁，便成为了男人的附属品，似乎早已失去了追求自我和自由的权利。虽然时代在不断变迁，然而这种思想到现在还是会深深扎根在很多女人的心里。未嫁从父、既嫁从夫、夫死从子，女人这样美丽的牺牲竟白白的牺牲掉了。

爱家，是女人的美德。可是绝不能做那只屏风上的鸟儿，失去了追求。若在家庭的生活中，你早已变得麻木不仁，每天想的只是为丈夫洗衣做饭，照顾孩子起居学习，没有了一点自己的生活追求，心如死一般沉寂的话，那么你一定要反思一下自己了。虽然说欲望之火不能点燃的过于猛烈，然而也不能完全让家束缚了自己心中的梦想与渴望，否则整个人将会属于放弃自我状态。

很多人都说女人在婚姻生活中就要少一点欲望，幸福才会多一点。殊不知，正是因为有了欲望，才有想要幸福的动力。有了想把自己装扮漂亮的欲望，才可以拴住男人的心；有了想为自己的梦想奋斗的欲望，才是孩子也想做好自己的榜样；有了想努力赚钱的欲望，家庭生活的经济基础才有了更牢固的根基……可见家庭生活中，不是去压制我们的欲望，而是应该采取理解，化欲望为动力。你能想象一个女人看到一束美丽漂亮的玫瑰都不动心，看到一辆心爱的轿车都不想拥有的感觉吗？那应该是悲凉的。男人想必也会失去为这个家奋斗打拼的动力。所以，只要我们没有依赖，没有占有，顾己又及人，才能活得心安理得，活得快乐。你快乐了，整个家庭才能跟着幸福。

练就烹饪绝技

你去问一万个男人：什么是女人味？

也许你会收获不少的答案：风情万种，举止优雅，温柔大方，性感可爱……这些诚然都是女人的味道，甚至算得上近乎完美的女人的味道……可是若作为一个普普通通的爱家好女人，这些味道便少了点什么，那就是还缺了一点点油烟味。

烧饭做菜是女性文化中很特别的一个内容点，所谓“出得厅堂下得厨房”是男人选妻的终极理想，这不仅仅是关乎填满肚子的事情，更是填满男性自尊的重要方面。女人能下厨做饭，虽然是生活中最俗最寻常的部分，但却是一个爱家好女人不得不修习的课程，而烹饪绝技历来被男人上升到女性评价的高标准之一。

古人说：食色性也。

食与色历来不分家。拥有一个漂亮的妻子是男人啧啧称赞的乐事，一个漂亮妻子能从厨房中端出精致的佳肴则是男人生命中的福分，前者或许能让男人高兴几年，后者却能让男人幸福一生。不论时代怎么转变，柴米油盐酱醋茶的日子永远不会终结，结婚之后，一个贤惠地能洗衣做饭的妻子才可以让日子过得更踏实、更幸福。

可是很多女人总是在婚后抱怨：“婚姻一点也不美好，原来自己可以在外面吃好吃的，现在却只能每天回家给丈夫和孩子做饭，满身全是葱花味！”

男人也抱怨：“老婆身上除了香水味就是香水味，没有一点结婚女人的味道！”

两种现实情况都同时存在，女人觉得男人俗，美，还不是为了爱？扮靓总是为了能套住一个驻足欣赏的男人。男人觉得女人活得不踏实，美丽是视觉享受，爱情则更应该是味觉尝试，过日子的女人总是要先练就一身烹饪绝技才行。虽然油烟味是女人味的一种，但却不是全部。一个懂得情怀的女人总能在两者之间调配好，油烟味与香水味，多点油烟味去影响男人的味觉，多点香水味去更改男人的审美情趣。让男人知道正宗爱的滋味，便是有油烟味可依靠，更有香水味可玩味、欣赏。

做理财有道的主妇

韩国曾经做过一个家庭实情调查，调查结果显示：韩国夫妻吵架的原因有半数以上都是因为“金钱”。

很多女人都梦想着嫁给一个王子，他们有钱、帅气，可以为自己买世界上最漂亮的衣服，可以带自己去吃遍全天下的美食，可以领着我们走遍世界各地游山玩水。然而这只是一个梦想，大部分女人来说，生活都是现实的，都需要考虑经济基础量力而行地去消费。当一个女人披上婚纱的时候，就证明她从考虑一个人变成考虑一个家庭的时候了，理财变得迫切而且现实起来。因为奢侈的妻子总是丈夫脖子上的绳索，不会理财肆意消费，早晚会扼杀掉自己的丈夫，扼杀掉自己美满的家庭。

俗话说，钱是挣出来的，不是省出来的，但是最新的观念是，钱是挣出来的，更是理出来的。从收入的角度说，理财就是管理好自己的资金使其保值、增值，从而满足家庭更多的需求。从消费的角度来讲，理财就是用一定数量的金钱获得自身更大的需求满足，在消费实现的过程中节省下来的钱就相当于是你赚的钱。所以懂理财的家庭主妇，既可以满足自己的购物需求，又不会消费过度。

首先，可以将收入作出预算，有计划地去消费，这样不仅可以和丈夫共同讨论计划的很多细节增进夫妻感情，也避免胡乱消费。虽然看到一些自己喜欢的东西而得不到非常痛苦，但当我们有了第一笔储蓄时，心情还是会大喜的。

其次，养成记账的好习惯，这样可以让自己清楚地知道每一笔支出情况。当看到有一些不合理的支出时，可以对下个月进行调整或者删减。还可以在月末的时候算出必要支出和每一方面支出的金额。再画出一个圆，标明各方面的比例，这样就可以清晰明了地知道合理不合理之处。

再次，面对意外支出，如暂时失业了；突然生病了；同事要结婚等等，理财专家给我们的建议是：尽管物价上涨，但是只要每个月存下收入的十分之一就足以应对各种意外，用不了几年就可以获得经济上的舒适。

作为一个现代家庭主妇，要想让全家人过得既舒适又幸福，就要学会做一个懂理财的女性。

婆媳和谐，别让男人在“夹缝”中生存

女人总会问男人一个问题：“我和你妈妈同时掉进水里，你先救谁?”老实的男人总会说：“当然先救我妈妈，她可是我的亲妈妈。”女人不悦。调皮的男生总会说：“先救你，我妈妈会游泳!”女人哈哈大笑。

很多男人最难过的事情就是在妻子和自己的亲妈之间两面为难，这种夹缝生存模式让他们厌恶透了。有一位丈夫深有感触地说：“在婆媳冲突中，我成了一支红蓝两色铅笔——两头挨削，真是猪八戒照镜子——里外不是人。”男人由于自己在家庭中的强者角色，通常都承担着家庭矛盾冲突的主要责任，而在中国式家庭中又有婆媳等其他矛盾与夫妻矛盾相互交织与激化，所以，作为矛盾冲突主要责任承担者的丈夫，也有相当可怜的一面，他们不得不像双面胶一样，黏了这边又要黏那边。作为一个爱家的好女人，若你非常爱自己的老公，心疼他，就不要让他左右为难，与老公一起处理好婆媳关系。

首先，学会站在婆婆的一面支持她。母子之间有时候也难免产生矛盾，当自己的老公和婆婆之间有矛盾时，女人一定要充当一个调和剂，学会站在婆婆的一面支持她，安慰她，多规劝老公。一定要让婆婆感觉你是和她站在一起的，这样当你和老公之间产生矛盾时，婆婆也会站在你这边支持你。

其次，经常在婆婆面前演出“肉麻戏”。这并不是说要你和丈夫在婆婆面前过分亲热，恰恰相反，这可是为人媳妇最应忌讳的一点！这样婆婆会嫉妒的，会认为你在和他抢儿子。这里所说的“肉麻戏”，乃是指在婆婆面前你要表现出你对丈夫的疼爱与照顾。比如，在婆婆面前，凡事你要多抢着去做，好吃的多让给老公吃，这样婆婆才放心且心满意足，知道你对自己儿子的照顾是让人放心的。

再次，对婆婆要像对妈妈一样。让婆婆知道你把她当妈妈一样对待，虽然有点不现实，但是这种感觉你一定要让她知道和了解，唯有这样婆婆才会像对待自己女儿一样待你。但是谨记一点，在自己的妈妈面前可以有小脾气，可是在婆婆面前一定要适度。

婆媳相处有技巧，但是人心换人心，你如何对人，别人也会如何待你，只要自己多用心，婆婆一定能与媳妇和谐相处，让老公告别“夹缝”。

让孩子快乐地成长

人生最重要的是什么？是快乐和幸福。父母对孩子的未来无论有怎样的期望，最终的结论都是希望孩子快乐，能够生活幸福。因此，作为母亲应该培养孩子乐观的性格，为孩子提供快乐成长的环境，为孩子成长提供灿烂的阳光，让孩子健康快乐地成长。而不是一味地将自己的期许加于幼小的儿童，让他们承担甚至是自己当年未完成的心愿。我们每个人都知道那个让孩子通向快乐的道路除了学习知识以外，就是内心的自由，这种自由是苍天赋予孩子的自然机制，如果它被扭曲了，孩子就失去了幸福。

教育专家陶行知认为，孩子的成长和发展需要有一个宽松的、开放的、积极的引导环境，需要在父母的热切期望和等待中来迎接孩子的成长。孩子的发展，要遵循天性，不能任意抹杀孩子的创造欲望和玩乐心态，要让孩子自由的发展。当然，望子成龙望女成凤，孩子以后的前途光明自然是作为母亲极为开心和骄傲的事情，然而这前提必须是孩子自己愿意去学习。否则，只能适得其反，孩子学得不开心，学不好，家长还挫伤了孩子的积极性，引起了孩子的不满。家长和孩子都不快乐，这是得不偿失的。

孩子的成长不仅仅是知识的增长非常重要，更主要的是他的语言、精神、气质、思想以及为人处事的能力的提高和发展，不要一味自私地说为了孩子，爱孩子，采取一些过于积极的教育措施，请家教、报特长班，无视孩子的兴趣等，这不利于孩子自由、健康、快乐的发展。素黑曾说：“爱最令人窒息的地方就是以关心之名扼杀对方的自由。”爱人之间是，亲子之间也如此。

当然，这并不是说对孩子不管不问，而是让孩子成为一个“相对服从”的人，而不是绝对的服从。要想让孩子成为一个品德优秀的人同时又过得快乐开心，父母就要学会引领着孩子，给孩子自由交往和学习的空间，让他们自己去选择、感受。当孩子的发展道路不平坦的时候，不必抱怨，要有一种等待的心态。这样孩子才能自由和快乐地成长。

常回家看看

“我相信每一个赤诚忠厚的孩子，都曾在心底向父母许下‘孝’的宏愿，相信来日方长，相信水到渠成，相信自己必有功成名就、衣锦还乡的那一天，可以从容尽孝。”女作家毕淑敏曾在《孝心无价》中这样说。“百善孝为先。”孝顺，可谓是中国自古以来的一种礼仪与传统，它也成为一个人形成良好道德的根本之源，所有好品德的养成都是从孝行开始的。自然若一个人连自己的父母都不孝顺，那么他在其他方面也会遭到别人的不信任甚至是谴责。

我国古代有一首《劝孝歌》，里面有“人不孝其亲，不如禽与兽”。语句直白而深刻，且也表明了孝顺在人们心中的重要地位。孝是一切道德和爱心的根源，是我们为人处世的根本，也是做人的基本要求。历史上有这样一个故事：

“卫公子开方仕齐，十年不归，管仲以其不怀其亲，安能爱君，不可以为相。”这里说的是卫国的一位名叫开方的贵族，在齐国做官，十年都没有请假回卫国。然而，管仲却把他开除了，理由是说开方在齐国做了十年的官，从来没有请假回去看看父母，像这样连自己父母都不爱的人，又怎么会爱自己的君主呢？怎么可以为相呢？

父母含辛茹苦将我们从襁褓中的婴儿养大成人，吃穿住行，无一不被他们深深记挂在心。即便是我们长大成人，在遥远的地方，他们也总是时刻担心着，心牵着我们的心。父母总在无私地奉献着，我们的忧伤便是他们的忧伤，我们的快乐便是他们的快乐。我们在为自己的事业、家庭忙碌时，总是无暇顾及远方或身边的父母；当出现变故、陷入困境时，首先想到的便是年迈的父母，父母也是会第一个毫无要求地伸出手给向我们帮助的人，面对这样每天为我们操劳、辛苦的父母，如果我们连起码的回报都没有，谁还会相信我们心中有爱？一个心中无爱、冷酷无情的人，又有谁敢和他结交、谁愿和他结交呢？

很多男人在选择妻子的时候都会加上孝顺这一个重要选项，在他们眼中，一个孝顺的女人，一定是一个具有善心、爱心和良心的女人。她能孝敬父母，尊敬长辈，也一定会对自己百般疼爱，对这个家百般照顾和悉心呵护。

然而很多人并没有做到常回家看看我们年迈的父母，没有尽到应有的孝心，总是以忙为借口，错失了一次次对父母关心的机会。作为一个也是身为母亲或者终有一天荣升为母亲的女性，不要让自己后悔，后悔曾经对母亲大喊大叫，后悔没有为母亲洗过一件衣裳，后悔没有为母亲做过一顿饭，后悔没有与母亲牵手、走在清晨的街道上买菜。若不想让这一切成为心中“永久的悔”，就常回家看看吧。

找点空闲,找点时间,

领着孩子常回家看看,

带上笑容,带上祝愿,

陪同爱人常回家看看,

……

平平淡淡才是真

爱情最让人幸福的一点，便是它总能带给你我无限的激情。恋爱中的人们每天都是激情澎湃，欢颜笑语，为爱痴狂，为爱疯癫。没看见爱情诞生时，那些爱着的人儿都变得爱笑了，对着镜子傻笑，想着他说的每一句话，每一个对自己的眼神，每一个温柔的缠绵的吻，痴痴的笑，自个儿幸福着。

爱情的初始总是激荡的，尤其是女人，遇见爱情，就像吃了迷魂药，所以很多人说恋爱的人像傻子，智商早已为零了。一切都是美丽的，一切都是天堂般快活。草是绿的，花是香的，河水是清澈的，小动物是可爱的……美妙的感觉总在心里荡漾，如徐徐春风，如百花齐放。如果我们用一种感觉来形容爱情，那么，它总是怦然心动的，或者说，它曾经在我们的心里开过绚烂的花儿，枝繁叶茂，缠缠绕绕。

然而，花开总有花落，没有一样东西能维持长久不变的状态，除非是死亡。

爱情终究要回归于平淡，激情也会随着生活中的柴米油盐慢慢消融。短的是激情，长的是日子，刺激只能片刻欢愉，无法永恒，唯有平平淡淡才是真。就像是我们运用耳、鼻、舌、身、意所求来的感官快乐一样，这往往是暂时的，瞬间的麻木，瞬间结束。要想让这瞬间不间断，只有用柴米油盐来填补，每天品尝，每天各有滋味，爱情才得以长久。虽然说激情的爱情总要平淡，但这不等于我们不能拥有美好的婚姻，因为婚姻的本质便是平淡方为真。

一个男孩对一个女孩说："如果我只有一碗粥，我会把一半给母亲，另一半给你。"于是女孩子喜欢上了这个男孩。

有一次村里发大水，男孩忙着去救别人，而没有去救女孩。别人问他为什么，男孩说："如果她死了，我也不会独自活在这个世上。"这一年女孩 20 岁，男孩 22 岁，女孩嫁给了男孩。

在闹饥荒的年月里，两人只有一碗粥，谁都舍不得吃，都想留给对方，结果这碗粥三天后发了霉。那时他们分别是 40 岁和 42 岁。

当他 52 岁那年，因家庭成分不好被挂上牌子批斗，也已 50 岁的她却始终站在他背后支持着他，陪伴着他。她告诉他，无论有多大的苦多大的难，你是我生命中唯一的支撑，我永远是你爱的源头。

许多年过去了，他们成了 70 多岁的老人。在一次坐公共汽车时，有一位年轻人给他们让座，他们都不肯坐下而让对方站着，于是两个人紧紧靠在一起抓着扶手。

平平淡淡中看到了不离不弃，看到了时时刻刻我们要在一起，看到了永恒，看到了美丽的爱情。我们再次点燃了心中的那朵绚烂的玫瑰花，只是它不再是我们眼中的娇艳，而是心底里醉人的温馨浸润着浓浓的爱意。

结婚七年，温暖依旧

作家三毛说："风淡云轻，细水长流何止君子之交，爱情不也是如此，才叫落花流水，天上人间？""老"对于三毛和荷西来说也许仅仅是一个概念，而不是一种状态。因为温暖的爱情是不会变老的。

爱情中有几个节点最让人害怕，七年之痒最让人恐惧。婚姻生活走过了七年，缠绵过了，激情消失了，爱剩下的到底是什么？很多人认为结婚七年的时候是婚姻的一个不稳定期，婚姻生活的平淡规律，让每个人都感到无聊乏味，要经历一次危机的考验（指可能发生婚外情、外遇、偷腥的现象）。这个考验是感情中的转折点，一旦成功，感情便能朝向良性健康的方向发展；反之，则可能二人分道扬镳、分崩离析，最终可能导致感情解体、劳燕分飞。

伟大的戏剧家莎士比亚曾经说过一句名言："爱的力量是和平，从不顾理性、成规和荣辱，它能使一切恐惧、震惊和痛苦在身受时化作甜蜜。"也许在刚一开始，我们每一个人都为爱疯狂着，为爱执著着，但慢慢地随着岁月的流逝，柴米油盐，琐碎的家庭生活中我们总要渐渐成熟起来，直到最后，让我们的爱归于宁静。但这并不影响爱的甜蜜，只是说这时候的爱不再如初恋那般腻人的甜，而是一种甘甜。

寒风瑟瑟的街头，一个中年男子推着轮椅缓缓地向前走着，轮椅上坐的是他那个已经瘫痪的妻子，天气很冷，北风呼啸，她在风中瑟瑟发抖，于是，他便把外套脱下来严严实实地将她裹住，只露出一双眼睛。而他则穿着一身单衣继续在寒风中推着轮椅前行。没有人注意他们，他们自己却在路途上有说有笑。

《当你老了》中有几句歌词让人感慨：亲爱的！我年已渐老/白发如霜银光耀/唯你永是我爱人/永远美丽又温柔。很多时候，不是婚姻的七年之痒，而是你我总是在追求刺激、不平凡，希望爱情不一样的面目，是我们自己的心痒了。在七年中，你由一束没得到的玫瑰花投射出“你不够好”或者由他一次的晚回家得出“你变了心”……在这点点滴滴的负能量中，爱情就变质了。婚姻不怕时间，只怕你贪恋的太多，而当我们学会享受普通而平凡的时候，我们知道大多数人都与我们一样在享受这些稀松而平常的小日子，不再对完美爱情充满幻想，却享受一个温存的拥抱，一个温柔的眼神，一束等待回家的灯光时，温暖的日子其实一直都在。